Sitzungsberichte der
Akademie der Wissenschaften
der DDR
Mathematik – Naturwissenschaften – Technik

12N
1975

Boden und Umwelt

AKADEMIE-VERLAG · BERLIN

Sitzungsberichte
der Akademie der Wissenschaften der DDR
Mathematik — Naturwissenschaften — Technik

Jahrgang 1975 · Nr. 12/N

Boden und Umwelt

AKADEMIE-VERLAG · BERLIN
1976

Vorträge gehalten von Prof. Dr. Ernst Ehwald,
Humboldt-Universität Berlin, und Prof. Dr. Emanuel Heinisch,
Akademie der Wissenschaften der DDR,
in Sitzungen der Klasse „Umweltschutz und Umweltgestaltung“

Herausgegeben im Auftrage
des Präsidenten der Akademie
der Wissenschaften der DDR
von Vizepräsident Prof. Dr. Heinrich Scheel

Erschienen im Akademie-Verlag, 108 Berlin, Leipziger Straße 3—4

Lizenznummer: 202 · 100/300/75
Gesamtherstellung: VEB Druckhaus Köthen
Bestellnummer: 752 937 4 (2010/75/12/N) · LSV 1305
Printed in GDR
EVP: 6,50

Inhalt

Ernst Ehwald

Bodenkundliche Probleme in Umweltnutzung, Umweltgestaltung und Umweltschutz

Die bodenkundlichen Probleme in Umweltnutzung, Umweltgestaltung und Umweltschutz sind äußerst mannigfaltig und vielseitig. Das erklärt sich einmal aus der besonderen Stellung und Funktion der Böden in unserer Umwelt, zum zweiten aus ihrem äußerst komplexen Charakter, zum dritten aus der Unterschiedlichkeit der Böden.

Als wichtige Teile unserer Umwelt und bedeutende Naturressourcen sind die Böden selbst Gegenstand von Umweltnutzung, Umweltgestaltung und Umweltschutz (vgl. Kovda 1974). Als Teilsysteme von Ökosystemen und Geosystemen stehen sie mit anderen Komponenten der Umwelt, stehen aber auch verschiedene Böden einer Landschaft untereinander in steter Wechselwirkung. Daher werden viele umweltbeeinflussende Faktoren und Vorgänge durch Bodeneigenschaften und Bodenvorgänge modifiziert, unterliegen die Böden selbst mannigfaltigen Einwirkungen aus anderen Komponenten der Umwelt, wirken sich auf den Boden gerichtete Maßnahmen oft in anderen Teilen unserer Umwelt aus. Erkennen, Bewerten und Berücksichtigen dieser Wirkungen wird durch die Unterschiedlichkeit der Böden erschwert.

Böden als Gegenstand von Umweltnutzung, Umweltgestaltung und Umweltschutz

Die Bedeutung der Böden in der natürlichen Umwelt ergibt sich aus ihren Funktionen, nämlich vor allem

1. aus ihrer Funktion als Hauptproduktionsmittel der Land- und Forstwirtschaft,
2. aus ihrer Funktion als Baugrund und Baumaterial,
3. aus ihrer Funktion als Wasserspeicher und Wasserfilter,
4. aus ihrer Sanierungsfunktion bei der schadlosen Beseitigung von Abfallstoffen, insbesondere organischer Natur.

Diese Funktionen sind z. T. mehr oder weniger gut miteinander vereinbar und erlauben eine weitgehende Mehrfachnutzung der Böden. So vereinbaren sich die Funktionen der Böden als Hauptproduktionsmittel der Land- und Forstwirtschaft weitgehend — aber eben doch nicht vollständig — mit ihrer Funktion als Wasserspeicher und Wasserfilter, dagegen schließen sich Baugrundfunktion und Funktion als Pflanzenstandort aus.

Neben diesen gesellschaftlich durchweg erwünschten Funktionen gibt es noch zahlreiche andere, die auch unerwünscht sein können, so ist der Boden eine Infektionsquelle für bestimmte Krankheiten und in gewissem Umfang auch Ort der Akkumulation und Bildung toxikologisch bedenklicher Stoffe.

Die große Bedeutung vor allem der genannten vier Hauptfunktionen für die Gesellschaft erfordert es, die Böden vor Zerstörung und Minderung ihrer Funktionsfähigkeit, aber auch vor volkswirtschaftlich unzweckmäßiger Nutzung zu schützen.

Im Zeitraum von 1950 bis 1970 ist die landwirtschaftliche Nutzfläche um rd. 240 000 ha von etwas über 6,5 Mill. ha auf knapp 6,3 Mill. ha zurückgegangen, im Jahr also um rd. 12 000 ha. Gleichzeitig hat die forstwirtschaftlich genutzte Fläche um rd. 50 000 ha zugenommen, das kultivierbare Ödland sowie die als Unland und Abbauland ausgewiesene Fläche sind zusammen annähernd gleichgeblieben, wobei allerdings das kultivierbare Ödland um 20 000 ha zurückgegangen ist. Dagegen hat die bebaute Fläche einschl. Straßen usw. um faßt 280 000 ha zugenommen. Interessant ist jedoch, daß seit 1970 der Rückgang der landwirtschaftlichen Nutzfläche zumindest vorübergehend zum Stillstand gekommen ist (o. A. 1974). Inwieweit sich hier die Bodennutzungsverordnung, Ödlandkultivierung oder Kippenrekultivierung ausgewirkt haben, läßt sich schwer sagen.

Diese Entwicklung ist natürlich gebietsweise recht verschieden. Besonders groß sind die Verluste an landwirtschaftlicher Nutzfläche in den industriellen Ballungsgebieten sowie den Gebieten mit Braunkohlenabbau. So haben die drei Bezirke Cottbus, Halle und Leipzig mit knapp 1,3 Mill. ha Ackerfläche 61 000 ha verloren, die beiden Bezirke Neubrandenburg und Rostock mit fast ebensoviel, nämlich 1,2 Mill. ha, Ackerland aber nur 25 000 ha.

Nach Angaben der VVB Braunkohle sind in der DDR bis 31. 12. 1973 etwa 75 000 ha devastiert worden, davon etwa die Hälfte landwirtschaftliche Nutzfläche, während etwa 33 000 ha Kippen rekultiviert worden sind, davon 9 000 ha für landwirtschaftliche Nutzung. Im Bezirk Cottbus wurde 1965—1970 eine Fläche rekultiviert, die 92% der gleichzeitig devastierten Flächen entsprach. Die bei der Urbarmachung und Rekultivierung auftretenden bodenkundlichen, meliorativen und forstlichen bzw. ackerbaulichen Probleme können als in ausreichendem Umfang gelöst gelten (vgl. M. Wünsche u. Mitarb. 1969 u. 1972, o. A. 1970, Katzur 1971).

Noch wesentlich größere Bedeutung als der Schutz des Bodens vor volkswirtschaftlich unzweckmäßiger Nutzung hat indessen die richtige Behandlung des land- u. forstwirtschaftlich genutzten Bodens. Sie muß sichern, daß der Gebrauchswert des Bodens für die Land- und Forstwirtschaft, den wir als „Bodenfruchtbarkeit" bezeichnen, erhalten bleibt, ja möglichst gesteigert wird (Ehwald 1963, Kundler 1972). Aus der Sicht der Umweltforschung ist die Reproduktion der Bodenfruchtbarkeit Umweltgestaltung, denn Maßnahmen der Melioration, Düngung, Bodenbearbeitung usw. dienen, soweit sie auf die Verbesserung der Bodeneigenschaften abzielen, der Erhaltung und Erhöhung der Funktionsfähigkeit eines wichtigen Teils unserer natürlichen Umwelt. Daß sich dabei auch unbeabsichtigte und unerwünschte Nebenwirkungen auf andere Komponenten der Umwelt, etwa das Grundwasser und die Oberflächengewässer, ergeben können, ändert an dieser grundsätzlichen Bewertung nichts.

Wenn wir heute die Bodenfruchtbarkeit als Gebrauchswert des Bodens in der Land- u. Forstwirtschaft definieren (Kundler 1972), dann sind damit die früheren ausschließlich auf die Eignung des Bodens für das Pflanzenwachstum ausgerichteten Definitionen erweitert und die Eignung des Bodens für die Durchführung einer dem jeweiligen Stand der Produktivkräfte und Produktionsverhältnisse entsprechenden Feldwirtschaft bzw. Forstwirtschaft — heute und in der absehbaren Zukunft demnach einer industriemäßig betriebenen Feldwirtschaft bzw. Forstwirtschaft — einbezogen worden. Als fruchtbarkeitsbeeinflussende Bodeneigenschaften und Bodenvorgänge erscheinen demnach auch Eigenschaften und Vorgänge, welche den Maschineneinsatz beeinflussen.

Abgesehen von Eigenschaften der einzelnen Böden, wie Steinbesatz, Neigung zur Klumpenbildung, Verdichtungsneigung usw., wird der Maschineneinsatz, ja die Durchführung einer großflächigen industriemäßigen Feldwirtschaft überhaupt, sehr weitgehend vom Relief, aber auch von der Struktur der Bodendecke beeinflußt, deren Heterogenität eine einheitliche Bewirtschaftung von Großschlägen erheblich erschweren kann.

Die Struktur der Bodendecke, d. h. die Art und Weise, in der verschiedene Böden einer Landschaft miteinander vergesellschaftet und mit anderen Teilkomplexen der Landschaft, insbesondere den Gesteinen und dem Relief verknüpft sind, gehört zu den wichtigsten Charakterzügen von Kulturlandschaften (Haase u. Schmidt 1970, Fridland 1972). Sie beeinflußt die Bodennutzung sowie Maßnahmen zur Bodenmelioration im erheblichen Umfang (Schmidt 1972). Je unterschiedlicher die einzelnen miteinander vergesellschafteten Böden sind, je kleinflächiger das Mosaik, das sie bilden, desto schwieriger wird die Bildung und Bewirtschaftung großer Schläge, wie sie für eine industriemäßig betriebene Feldwirtschaftung Voraussetzung ist. Dazu kommt, daß sehr häufig eine heterogene Struktur der Bodendecke mit unruhigem Relief verknüpft ist.

Die Struktur der Bodendecke ist im Felde nur in bestimmtem Umfang und zu bestimmten Jahreszeiten, etwa im zeitigen Frühjahr an feuchtbedingten Färbungsunterschieden der Ackerkrume sichtbar. Klarer läßt sie sich oft an Luftbildern, insbesondere auch falschfarbigen Luftbildern erkennen, soweit der Befliegungszeitpunkt günstig gewählt ist (Reinhold u. Asmus 1968, Simakova u. Šeršukova 1971). Die Schwierigkeiten, die bei der Bewirtschaftung von Schlägen mit stark heterogenen Böden entstehen, sind mannigfaltiger Art. So kann die Befahrbarkeit und Bearbeitbarkeit eines Schlages im Frühjahr vom Abtrocknen stauvernäßter Böden abhängen, die evtl. einen relativ geringen Anteil am Gesamtmosaik besitzen können (sog. Störareale). Nicht selten treten große Ertragsunterschiede zwischen den einzelnen am Mosaik beteiligten Böden auf, die von Unterschieden im Zeitpunkt des Reifens begleitet sein können. Sehr unterschiedlich kann auch die Auswirkung von Melioration auf Flächen mit heterogener Bodendecke sein. Nicht selten erschweren zwischen verschiedenen Böden einer Bodengesellschaft bestehende Wechselbeziehungen die Durchführung von Meliorationen überhaupt, z. B. weil die optimale Einstellung der Grundwasserstände in bestimmten Teilen des Bodenmosaiks zur übermäßigen Vernässung oder aber zu starker Austrocknung in anderen tiefer oder höher gelegenen Mosaikteilen führt.

In den sehr häufigen Bodengesellschaften der Grundmoränenplatten im mittleren Teil des Flachlandgebietes der DDR, auf denen Sandböden mit und ohne Lehmbänder bzw. lehmige Unterböden sowie Lehmböden kleinflächig wechseln, kann eine für die sandigen Anteile des Mosaiks angemessene Beregnung zu unerwünschten Verschlämmungen auf den lehmigen Anteilen führen. Meliorationen können die Heterogenität sogar verstärken. Eine für die sog. Tieflehme, d. h. Böden mit etwa halbmeterstarken Sanddecken über Lehm, sehr erwünschte Unterbodenlockerung, die u. U. zu deutlichen Mehrerträgen führt, erweist sich auf den mit ihnen wechselnden Sandböden als wirkungslos. Durch eine solche Maßnahme werden daher die Ertragsunterschiede eines aus Tieflehm und Sanden bestehenden Schlages noch vergrößert.

Indessen muß es ja ein Ziel der Bewirtschaftung und bes. von Meliorationen sein, die Heterogenität der Bodendecke oder doch ihre ungünstigen Auswirkungen zu vermindern (Schmidt 1969). Leider sind jedoch die Möglichkeiten und Wege dazu — wenn man von einigen herkömmlichen Verfahren absieht — noch weitgehend ungeklärt. Am ehesten ist eine Verminderung der Heterogenität dort zu erreichen, wo bei ähnlichem Material des Oberbodens Unterschiede in der Durchlässigkeit der Unterböden bestehen, die, vielfach zusammen mit den Geländeformen, ein Nebeneinander mehr oder weniger stark vernäßter und nicht vernäßter Böden hervorrufen, das vorwiegend im Frühjahr oder in sommerlichen Regenperioden deutlich wird. Hier kann sog. Bedarfsdränung, d. h.

die Ableitung überschüssigen Wassers aus den zeitweise vernässenden Böden durch Ton- oder Plasterohre die für die Bewirtschaftung wesentlichen Unterschiede beseitigen oder doch stark herabmindern.

In anderen Fällen kann man die Auswirkungen der Heterogenität dadurch abschwächen, daß man die Bewirtschaftung auf die ungünstigsten Mosaikteile ausrichtet. Zum Beispiel kommen auf den Grundmoränenplatten der mittleren Bezirke der DDR, wie bereits erwähnt, sehr verbreitet Bodenmosaiks vor, die von zweischichtigen Böden mit einer Sanddecke über lehmigem Untergrund, sog. Tieflehmen, beherrscht werden; jedoch sind diese Tieflehme in mehr oder minder großem Ausmaß von Sandböden oder aber Lehmböden durchsetzt. Hier gilt es, die Düngung so zu bemessen, daß auch auf den rein sandigen Mosaikteilen weder Nährstoffmangel noch zu große Nährstoffverluste durch Auswaschung auftreten. Vielfach kann überhaupt eine gute Ackerkultur die Auswirkungen unterschiedlicher Fruchtbarkeit der Mosaikteile abschwächen.

Inwieweit es jedoch, abgesehen von diesen herkömmlichen Methoden, in Zukunft möglich sein wird, landwirtschaftlich besonders ungünstig sich auswirkende Unterschiede im Bodenmosaik durch Meliorationen auszugleichen, bleibt z. Z. noch offen. Hier liegen große Zukunftsprobleme, deren Lösung weitgehend von der Entwicklung der Produktivkräfte abhängen dürfte. So kommen z. B. im Oderbruch nebeneinander Tondecken, teils großer, teils geringer Mächtigkeit, über Sand neben reinen Sanddurchragungen vor. Hier würde ein Ausgleich große Materialtransporte verlangen, die z. Z. ökonomisch nicht vertretbar sind. Indessen deuten sich in anderen Fällen künftige Lösungsmöglichkeiten an. So ist in Zukunft vielleicht eine Angleichung der Oberbodenverhältnisse durch Beimischung künstlicher Bodenverbesserungsmittel, wie offen- oder geschlossenzelliger Schaumstoffe, denkbar, wenn es gelingt, Materialkosten und Einbringsverfahren zu verbilligen (Kullmann 1972). In sandigen Mosaikteilen könnte die Einbringung von durchlässigkeitsvermindernden Schichten — etwa von Asphaltbarrieren (Erickson u. a. 1968) — die Wasserspeicherung und damit die Fruchtbarkeit wesentlich erhöhen. Schließlich könnte der Einsatz von Bodenbearbeitungsgeräten mit Meßfühlern und elektronischer Steuerung gestatten, die Bodenbearbeitung den auf einem Schlag vorhandenen Bodenunterschieden anzupassen, was die Auswirkungen der Heterogenität ebenfalls vermindern dürfte.

Das Problem der Struktur der Bodendecke und der damit eng verknüpften Oberflächenformen hat aber noch eine andere Seite. Nach überschläglichen Ermittlungen von R. Schmidt (1972) sind etwa 30% der Ackerfläche der DDR nach Oberflächenbeschaffenheit und Struktur der Bodendecke für die Bildung von Großschlägen und industriemäßiger Feldwirtschaft gut geeignet, auf etwa 50% sind neben Schlägen mittlerer Größe einzelne Großschläge ohne Schwierigkeiten möglich, während auf etwa 25% der Ackerfläche eine industriemäßige Feldwirtschaft vom Relief her, aber auch durch die damit verbundene Heterogenität der Bodendecke, zumindest stark beeinträchtigt ist. Zwar sind unter derartigen Bedingungen in den letzten Jahren ebenfalls Großschläge gebildet worden, aber ihre Bewirtschaftung wird durch Störareale z. T. erheblich erschwert, außerdem vergrößert sich die Gefährdung durch Bodenerosion auf derartigen Flächen erheblich. Es fragt sich, ob nicht in der Perspektive wenigstens auf den für industriemäßige Feldwirtschaft ungünstigsten Flächen ein Übergang zur forstlichen Nutzung angezeigt ist. Voraussetzung dafür wären jedoch entscheidende Produktionssteigerungen auf den für die Feldwirtschaft gut geeigneten Flächen, denn die prognostischen Überlegungen erfordern auf der derzeitigen bzw. nur um den unvermeidlichen Flächenentzug verminderten landwirtschaftlichen Nutzfläche eine weitere Produktionssteigerung auch über die 1975 zu erreichenden 44 dt GE hinaus (1973: 39 dt GE), die für die nächste Zeit mit jährlich 1 dt GE vorgesehen wird (Grüneberg 1974).

Die Oberflächenformen sind auch einer der wesentlichsten Faktoren für die Erosionsgefährdung bzw. das Ausmaß der Bodenerosion durch fließendes Wasser. Das Mosaik der Böden in Gebieten mit ± bewegtem Relief, insbesondere auch in der kuppigen und z. T. auch der welligen Grundmoränenlandschaft, ist oft geradezu durch ein reliefbedingtes Nebeneinander von Böden mit unterschiedlich starker Abtragung bzw. Ablagerung bestimmt. Neben dem Relief haben selbstverständlich auch die Bodeneigenschaften erheblichen Einfluß. So sind Tieflehme mit relativ geringer Sanddecke besonders empfindlich gegen Starkregen, bei Lößböden und Tonböden ist die jeweilige Feuchtigkeit für ihre Erosionsgefährdung entscheidend. Zum Beispiel sind Lehm- und Tonböden im trockenen Zustand relativ unempfindlich, im überfeuchteten Zustand ebenso wie Lößböden dagegen sehr gefährdet (Werner 1967).

Erfreulicherweise treten in der DDR, wie in Mitteleuropa allgemein, die schweren Formen der Bodenzerstörung durch Grabenerosion, ja selbst die mittelschwere Rinnenerosion an Bedeutung zurück, weil einerseits die Häufigkeit von Starkregen bei uns nicht so groß, andererseits die Bewirtschaftung sehr intensiv ist. Diese Formen kommen im allgemeinen nur ± sporadisch vor, die entstandenen Gräben werden meist rasch beseitigt. Dagegen hat auch bei uns die schleichende, Millimeter um Millimeter abtragende Flächenspülung große Verbreitung und Bedeutung, in manchen Gebieten spielt — vor allem auf Sandböden — auch die Winderosion eine Rolle.

Nach Flegel, der seine 1958 veröffentlichte noch auf Unterlagen der 50er Jahre beruhende Karte der Erosionsgefährdung der DDR (Flegel 1958) inzwischen durch eine neuere Karte im Planungsatlas Land- und Nahrungsgüterwirtschaft ersetzt hat (Flegel 1970), können in der DDR rd. 350 000 ha (5,5%

der LN) als stark schutzbedürftig, und etwa 1,5 Mill. ha (23%) als mäßig schutzbedürftig gegen Bodenerosion gelten. Der Hauptanteil dieser Flächen liegt in der kuppigen Grundmoränenlandschaft zwischen der Lübecker Bucht und der Oder bei Schwedt, in den Lößgebieten der Magdeburger und sächsischen Börden, im Thüringer Becken sowie den Gebirgsvorländern.

Nach Ertragsermittlungen von Flegel Anfang der 60er Jahre auf erodierten Hängen wird bei Getreide durch Bodenerosion der Ertrag um 15 bis 68%, im Mittel um 37% vermindert. Flegel schätzt die jährlichen Ertragseinbußen durch chronische Erosionsschäden auf den stark bis mäßig betroffenen Flächen auf 80—100 Mill. M. Ob diese Schätzung unter den gegenwärtigen bzw. den in den nächsten Jahrzehnten zu erwartenden Bedingungen noch voll zutrifft, erscheint zweifelhaft, denn die Ermittlungen, auf die Flegel sich stützt, betreffen weniger intensiv gedüngte Böden und liegen durchweg vor dem Übergang zur wirklichen Großflächenbewirtschaftung. Diese hat jedoch die Bedingungen für das Auftreten der Bodenerosion wesentlich verändert, in vielen Fällen die Gefährdung wahrscheinlich verstärkt. Es gibt auch Hinweise dafür, daß durch die heute mögliche intensive Düngung die durch Erosion verursachten Ertragsminderungen sich besonders auf die Ablagerungsflächen am Hangfuß verschieben, weil das abgelagerte Bodenmaterial ± dicht ist, und die Erträge dadurch stärker beeinflußt werden als durch Nährstoffverluste am Hang.

Vor allem aber muß die Erosionsverhütung und Bekämpfung in der industriemäßigen Landwirtschaft z. T. andere Wege gehen als früher. Zahlreiche bisher empfohlene Schutzmaßnahmen sind kaum mehr anwendbar, andere, wie flache, fast quer zum Hang verlaufende Wasserfangmulden, könnten sich wahrscheinlich in Systeme der Erosionsverhütung und Bekämpfung einpassen lassen, die für verbreitete Standorte und bestimmte Spezialrichtungen der Pflanzenproduktion ausgearbeitet werden müßten (Flegel 1968). Dafür lassen sich auch Erfahrungen aus anderen sozialistischen Ländern in erheblichem Maße auswerten. Leider fehlen auf diesem wichtigen Gebiet z. Z. aber bei uns entsprechende Forschungen.

Eng mit der Bodenbewirtschaftung und dem Bodenschutz verbunden ist das Problem, ob die Filterwirkung des Bodens bei intensiver Düngung mit Mineraldüngern und organischen Stoffen sowie Einsatz von Unkraut- und Schädlingsbekämpfungsmitteln genügt, um Anreicherungen des Grundwassers sowie der Oberflächengewässer mit unerwünschten Stoffen zu verhüten. Insbesondere wird die Eutrophierung der Oberflächengewässer vielfach mit intensiver Düngung in Verbindung gebracht. Ich möchte mich bei der Besprechung dieses Problems auf die bodenkundlichen Aspekte beschränken und die unmittelbare Gewässereutrophierung durch Abwässer, auch aus der Landwirtschaft, ausklammern.

Wenn wir die Filterwirkung des Bodens beurteilen wollen (Ulrich 1972, Fink 1972), müssen wir uns bewußt sein, daß der Boden dabei nicht nur unmittelbar als oberflächenaktives polydisperses Filtersystem wirksam wird, dessen Leistungsfähigkeit mit seiner spezifischen Oberfläche zunimmt, d. h. insbesondere mit dem Ton- und Humusgehalt, sondern daß im Boden als belebtem System mannigfaltige durch Mikroorganismen verursachte Umwandlungsvorgänge ablaufen, und daß der Boden im Stoffaustausch mit der Vegetation steht. Daher filtert Lehmboden besser als Sandboden, Boden mit Vegetation besser als vegetationsfreier Boden und Boden mit üppig wachsender Pflanzendecke besser als Boden mit geringwüchsigem Pflanzenbestand — zumindest soweit es sich um Stoffe handelt, die von den Pflanzen aufgenommen werden, insbesondere Hauptnährstoffe.

Bei der Eutrophierung der Gewässer spielen Stickstoff und Phosphor die wichtigste Rolle. Die Situation ist bei diesen beiden Nährstoffen jedoch grundverschieden. Phosphorsäure ist im Boden schwer beweglich, sie wird bei saurer Reaktion in Form von Aluminium- und Eisenphosphaten schwer löslich festgelegt, bei neutraler und schwach alkalischer Reaktion dagegen als tertiäres Calciumphosphat, das langsam in Hydroxylapatit übergeht. Das Löslichkeitsmaximum liegt im schwach sauren Bereich. Hinzu kommen Phosphationenadsorption an Eisen- und Aluminiumhydroxiden sowie biologische Festlegung durch Mikroorganismen. Jedenfalls ist die Löslichkeit der Phosphorsäure im Boden so gering, daß die Phosphationenkonzentration der Bodenlösung 1—3 mg/l im allgemeinen nicht übersteigt. In Dränwässern aus landwirtschaftlich genutzten Gebieten Schwedens fand Wiklander (1970) nur 0,024 mg/l im Mittel aus 358 Proben, der Maximalwert lag bei 0,26 mg/l.

Bei einer Phosphatzufuhr durch die Niederschläge von 0,1—0,3 kg P/ha erreichten nach Lysimeteruntersuchungen die Auswaschungsverluste meist nicht mehr als 1 kg/ha, in seltenen Fällen 5 kg (Amberger 1972). Selbst auf Sandböden führte eine Steigerung der P-Düngung von 0 auf 105 kg P/ha — das ist etwa das 3fache der in der DDR für 1975 zu erwartenden durchschnittlichen P-Gabe — wegen der starken Phosphataufnahme durch die Pflanze eher zu einem Absinken als zu einer Zunahme der in diesen Versuchen bei etwa 2 kg/ha/a liegenden P-Auswaschung (Pfaff 1963).

Allerdings gelten diese Gesetzmäßigkeiten nur für Mineralböden. In Moorböden ist die Phosphorsäure wesentlich beweglicher, so daß dort hohe Phosphatgaben eher zur Gewässereutrophierung führen könnten, jedoch sind sie dort auch landwirtschaftlich unrationell (vgl. Baden 1963, Eggelsmann u. Kuntze 1972).

Im Einzelfall können durch Bodenerosion bei der Schneeschmelze und bei Starkregen erhebliche Phosphatmengen mit dem verschwemmten Feinboden in die Gewässer gelangen (WIECHMANN 1971). Nach Untersuchungen von NITZSCHE (1973) wurden der Rappbodetalsperre nach einem Starkregen von 78 mm in einer Stunde einmalig fast 3 kg P/ha zugeführt, während im Durchschnitt die jährliche P-Zufuhr mit Grundwasser und Oberflächenwasser nur 0,6 kg P/ha betrug. Insgesamt ist also die Filterwirkung des Bodens bei Phosphor vorzüglich, ist auch bei intensiver Phosphatdüngung kaum mit nennenswerten P-Auswaschungen ins Grundwasser und die Oberflächengewässer zu rechnen.

Ganz anders liegen die Verhältnisse bei Stickstoff. Dieser unterliegt im Boden vielfältigen, insbesondere mikrobiellen Umwandlungen, die in den meisten Fällen schließlich dazu führen, daß im Boden vorhandener sowie mit Ernterückständen oder organischen Düngern zugeführter organisch gebundener Stickstoff ebenso wie Düngerstickstoff, der in Form von Ammoniak, Ammoniumsalzen oder Harnstoff in den Boden eingebracht wird, in der hoch beweglichen Nitratform vorliegt. Ein Teil des Düngerstickstoffs wird zudem unmittelbar als Nitrat gegeben.

Im Gegensatz zu den im Boden austauschbar adsorbierten oder sogar nicht austauschbar festgelegten Ammoniumionen werden die Nitrationen als einwertige Anionen von den überwiegend negativ geladenen Bodenkolloiden unserer mitteleuropäischen Böden kaum sorbiert. Dadurch entstehen erhebliche Auswaschungsverluste, die auch in der Landwirtschaft selbst aus ökonomischen Gründen höchst unerwünscht sind (KUNDLER 1970). Die Höhe dieser Auswaschungsverluste liegt nach Lysimeteruntersuchungen etwa in der Größenordnung von 5—80 kg/ha, in einzelnen Fällen auch wesentlich darüber (WEISE 1971, AMBERGER 1972, JUNG 1972). Der Nitrat-N-Gehalt schwedischer Dränagewässer betrug nach WIKLANDER (1970) im Mittel 4 mg/l, jedoch hatten 8 Prozent der Dränagewässer Nitratgehalte über 10 mg je l, das Maximum lag bei 82 mg/l.

Für die Verhältnisse der DDR stehen Ergebnisse mit Unterdrucklysimetern aus verschieden gewachsenen Böden zur Verfügung, die mit 80 kg N gedüngt waren, also im Vergleich zu der 1975 zu erwartenden durchschnittlichen Gabe von 123 kg N/ha nur eine mäßige N-Düngung erhalten hatten. Danach lagen die N-Verluste zwischen etwa 5 und 60 kg/ha, die mittleren Nitratkonzentrationen im Sickerwasser zwischen 1,4 und 4,3 mg/l (WEISE 1971, 1972).

Bei der Beurteilung der Nitratauswaschung ist jedoch eine Reihe von Gesichtspunkten zu berücksichtigen.

1. Abgesehen von Tonböden mit ihrer langsamen Sickerwasserbewegung treten die größten Auswaschungsverluste im Winter und zeitigen Frühjahr auf, was für die Gewässereutrophierung relativ unschädlich ist.

2. Andererseits erscheint es nach Untersuchungen von KICK und KRETZSCHMAR (1968) nicht ausgeschlossen, daß in tieferen Bodenschichten zeitweise recht beträchtliche Nitratmengen im Haftwasser gespeichert werden (in einer 50 cm mächtigen Bodenschicht etwa 100 kg NO_3/ha entsprechend 27 kg N/ha). Diese können nach stärkeren Niederschlägen im Sommer relativ plötzlich ins Grundwasser gelangen, weil das in den Boden von oben eindringende Wasser das in tieferen Schichten vorhandene Wasser vor sich herschiebt.

3. Auch bei fehlender oder geringer Stickstoffdüngung werden aus Ernterückständen — im Wald aus der Waldstreu — sowie laufend absterbenden Feinwurzeln und Bodenorganismen sowie aus dem umsetzungsfähigen Teil des Humusvorrates ständig erhebliche N-Mengen frei und in Nitrate umgewandelt. Die Höhe dieser pflanzen- und bodenbürtigen Mengen an Nitratstickstoff ist recht beträchtlich, denn selbst bei hoher N-Düngung werden erhebliche Mengen bodenbürtigen Stickstoffs vom Pflanzenbestand aufgenommen. Ein anderer Teil dieser pflanzen- und bodenbürtigen Nitrate wird jedoch ausgewaschen, besonders in milden Wintern. Andererseits werden, wie bereits angedeutet, bei intensivem Pflanzenwachstum als Folge intensiver Düngung während der Vegetationszeit die gebildeten oder mit der Düngung zugeführten Nitrate weitgehend genutzt. Größere Verluste können daher nur in vegetationsarmen bzw. vegetationsfreien Zeiten auftreten. In dieser Hinsicht wirkt insbesondere Zwischenfruchtbau durch Verlängerung der Vegetationsbedeckung auswaschungsmindernd. Andererseits können hohe Nitratgehalte im Boden zu für Tiere und Menschen schädlichen Nitrat- und Nitritanreicherungen in Pflanzen führen (LAUE u. a. 1972). Insgesamt wird man einschätzen können, daß bei ordnungsgemäßer Durchführung selbst intensiver N-Düngung, insbesondere Vermeidung von Herbst- und Winterdüngung auf leichten Böden, die ausgewaschenen Nitratmengen nicht wesentlich höher sein dürften als die bei mäßiger Düngung ausgewaschenen Mengen. Sie können weiter durch Strohdüngung im Herbst vermindert werden, weil bei den Umsetzungen des stickstoffarmen Strohes erhebliche im Boden vorhandene N-Mengen biologisch gebunden, d. h. in Mikrobeneiweiß und später z. T. in Huminstoffe eingebaut werden (vgl. JUNG 1972).

Im übrigen laufen zahlreiche Forschungen, die darauf zielen, die Auswaschung von N-Düngemitteln zu vermindern, da diese, wie erwähnt, landwirtschaftlich gesehen, einen erheblichen Verlustposten darstellt. Insbesondere versucht man, langsam wirkende Sticktstoffdünger zu entwickeln, oder aber die Nitrifikation durch Anwendung von Inhibitoren, z. B. bestimmten Fungiziden, wie 2 Chloro-6(trichlor-methyl)-pyridin, sogenannte N-Serve, soweit möglich zu unterbinden (JAUERT, ANSORGE, GÖRLITZ 1968, ANDREEVA u. ŠČEGLOVA 1971, PRASAD u. RAJALE 1971, BUNDY and BREMNER 1973). In der Praxis stehen allerdings langsam wirkende N-Dünger noch nicht zur Verfügung, auch die Nitrifikationsinhibitoren spielen praktisch noch keine Rolle.

Eine spezielle Problematik ergibt sich sowohl hinsichtlich der Auswaschung von Nitraten und anderen Nährstoffen im Grundwasser als auch hinsichtlich bestimmter Bodenveränderungen bei der Gülledüngung. Zunächst ist festzuhalten, daß der Übergang von der Stallmist- zur Güllewirtschaft sowie die zunehmende örtliche Konzentration des Gülleanfalls ein mit dem Übergang zu industriemäßigen Methoden der landwirtschaftlichen Produktion zwangsläufig verbundener Prozeß ist (Asmus 1973), und daß bei dem raschen Tempo dieses Prozesses noch eine ganze Reihe von Fragen der Lösung harren.

Was die bodenkundliche Seite der Gülleanwendung anlangt, so kann es nach den bisher vorliegenden Untersuchungsergebnissen als sehr wahrscheinlich angesehen werden, daß der Humusvorrat des Bodens durch Gülleanwendung in Kombination mit Strohdüngung etwa in gleicher Weise beeinflußt wird wie durch andere organische Dünger, insbesondere Stallmist (Kühn u. Lange 1971, Rehbein, Kühn u. Kolbe 1972). Jedoch ist mit einer stärkeren örtlichen Differenzierung der Humusvorräte zu rechnen als bisher, da in der Umgebung von großen Stallanlagen nicht nur reichlich Gülle anfällt und auszubringen ist, sondern auch ein hoher Anteil von Futterkulturen mit hohen Ernterückstandsmengen angebaut werden muß, während in stallfernen Gebieten an organischen Stoffen lediglich die relativ geringen Ernterückstände von Getreide und Hackfrüchten anfallen, die zur Aufrechterhaltung des Humusspiegels nicht ausreichen (vgl. Bronner u. Janik 1974). Jedoch gibt die Strohdüngung hier Ausgleichsmöglichkeiten (Kolbe u. Stumpe 1968, Bachthaler u. Wagner 1973). Die aus diesen Unterschieden in der Bewirtschaftung zu erwartenden Unterschiede im Humusvorrat dürfen nicht unterschätzt, aber auch nicht überschätzt werden. Jahrzehntelange Dauerversuche haben gezeigt, daß reine Mineraldüngung einerseits und reine Stallmistdüngung andererseits nur zu Unterschieden im Humusgehalt von etwa 0,5% bis allenfalls 1% führen. Kürzere Versuchsreihen ergeben nur Unterschiede von etwa 0,1 ... 0,3%. Differenzen von 0,5% Humus entsprechen zwar Differenzen von 15 t organischer Substanz mit etwa 600 kg organisch gebundenem Stickstoff je ha Ackerkrume — andererseits liegen aber Differenzen von 0,1 ... 0,3% Humus in der Größenordnung der jahreszeitlich bedingten Schwankungen, und die durch unterschiedliche Zufuhren organischer Stoffe bei ordnungsgemäßer Bewirtschaftung zu erwartenden Differenzen im Humusgehalt dürften im allgemeinen niedriger liegen als die zwischen reiner Mineraldüngung und Stallmistdüngung.

Mögliche Grundwasserbeeinflussungen durch Gülle hängen vor allem von der Höhe der Güllegaben ab.

Normale Gaben mit Zuführung von Stickstoff und anderen Nährstoffen in Mengen, wie sie auch sonst bei organischer bzw. organomineralischer Düngung üblich sind, lassen, insbesondere wenn sie kurz vor Beginn der Vegetationszeit gegeben werden, keine wesentlich anderen Wirkungen auf die Stickstoffauswaschung als Mineraldüngung erwarten. Unterschiede gegenüber Stallmist ergeben sich insofern, als durch den hohen Wassergehalt der Gülle die Nährstoffe rascher und tiefer in den Boden eindringen.

Werden jedoch auf Böden mit geringer Speicherfähigkeit übermäßig hohe Güllemengen ausgebracht, insbesondere in der vegetationsarmen Jahreszeit bei milder Witterung, die noch Nitrifikation zuläßt, und auf wassergesättigten Böden, dann wird die Belastbarkeit des Bodens bzw. des Ökosystems überschritten, und es kommt zu erheblicher Nitrat- sowie Kaliumauswaschung ins Grundwasser. Auch langjährige hohe Gülledüngung kann sandige Böden bis auf erhebliche Tiefen so stark mit Nährstoffen anreichern, daß die Nitratauswaschung erheblich ansteigt, ja sogar die Erträge zurückgehen. So führte 15jährige Gülledüngung mit jährlicher Zufuhr von etwa 1000 kg N, d. h. dem Doppelten bis Dreifachen der in der DDR als zulässig geltenden Höchstmengen (Krüger u. Hirte 1972, Lange 1973, Koriath u. a. 1974) zu Nitratgehalten von $>$50 mg/l im Grundwasser, einige Wochen nach hohen Güllegaben im Herbst wurden fast 100 mg/l erreicht (Vetter und Klasink 1972). Noch 1 bis 2 Jahre nach auf nur 2 Teilgaben verteilter Ausbringung des 9—15fachen der zulässigen Höchstmenge (600 m^3/ha mit 3500—6000 kg N und fast ebensoviel P) traten sogar Nitratkonzentrationen von 200—700 mg/l in der Bodenlösung und 100—500 mg/l im oberen Grundwasser auf (Foerster 1972).

Auf die Problematik der Gülleanwendung und die damit verbundenen Forschungsaufgaben soll hier nicht weiter eingegangen werden, da von der Akademie der Landwirtschaftswissenschaften dazu ein umfassendes Forschungsprojekt ausgearbeitet worden ist, und der für dieses Projekt verantwortliche Wissenschaftler in einer speziellen Sitzung unserer Klasse zu Wort kommen soll.

Auch zur Abwasserverrieselung und -verregnung (Michelsen u. Pavoni 1970, Schwarz 1970) möchte ich nur einige kurze Bemerkungen machen, zumal die Abwasserverregnung mit der Gülleanwendung verknüpft ist. In Zukunft wird nämlich wahrscheinlich ein Teil der Gülle — evtl. nach Abtrennung der festen Bestandteile — verregnet werden.

Zusammenfassend läßt sich feststellen, daß die Abwasserlandbehandlung in den meisten Fällen die wirkungsvollste Methode der Abwasserreinigung und Abwasserverwertung darstellt, weil — jedenfalls bei dafür geeigneten Abwässern — durch die Umsetzungsvorgänge im Boden sowie die Nährstoffaufnahme der Pflanzen eine sehr weitgehende Filterwirkung, auch gegenüber pathogenen Organismen, und außerdem eine erhebliche Mehrproduktion an

Pflanzenerträgen erreicht wird. Bodenkundlich ist dabei vor allem das Ausmaß der durch langjährige Abwasserbehandlung eintretenden Bodenveränderungen von Interesse, wobei unter dem Gesichtspunkt des Umweltschutzes besonders die mögliche Anreicherung toxischer pflanzenaufnehmbarer Stoffe zu beachten ist.

In den Berliner Rieselfeldern fanden ASMUS und VETTERLEIN (1969) beim Vergleich berieselter und nicht berieselter Nachbarprofile auf gleichem Substrat im Gegensatz zu früheren Arbeiten (OLBERTZ 1952), die wahrscheinlich den kleinflächigen Bodenwechsel zu wenig in Rechnung gestellt hatten, keine schwerwiegenden Veränderungen, insbesondere keine wesentlichen Unterschiede in der Ausbildung der Bodenhorizonte, die auf eine verstärkte Podsolierung hindeuten, obwohl die berieselten Profile etwa 60 Jahre hindurch jährlich etwa 2000 ... 4000 mm Abwasser erhalten hatten. Nur auf tonarmem, sandigem Material war eine gewisse Eisenverarmung des Oberbodens festzustellen. Die C-, N- und P-Gehalte waren erhöht, die C : N-Verhältnisse enger. Die pH-Werte und die Sättigung mit basisch wirkenden Kationen zeigten keine gesetzmäßigen Veränderungen, jedoch war der Anteil an Mg, teilweise auch an Na in den berieselten Profilen erhöht, der Anteil anderer Kationen erniedrigt. Während die Mangangehalte wenig beeinflußt waren, ergab sich eine wesentliche Steigerung der Kupfer- und Borgehalte im Oberboden auf etwa 15 ... 45 ppm gegenüber 6 ... 24 ppm salpetersäurelösliches Cu bzw. 0,2 ... 1,0 ppm gegen 0,2 ... 0,4 ppm heißwasserlösliches Bor. Diese Gehalte liegen — für sich genommen — größtenteils unterhalb der Schädigungsgrenzen, lediglich einzelne Werte kommen etwa in die Nähe der für derartige Böden mit 1,2 ppm Bor und 30 ... 40 mg Cu angenommenen Toxizitätsgrenze (BUCHER 1971). Jedoch wurde auf den Berliner Rieselfeldern z. T. eine sogenannte Rieselmüdigkeit beobachtet, die von RINNO (1964) auf die höheren Kupfergehalte der Rieselböden zurückgeführt wird, weil diese ebenso wie die gleichfalls erhöhten Zinkgehalte die Eisenaufnahme erschweren, was Chlorosen verursacht.

Insgesamt ist jedoch festzustellen, daß angesichts der langjährigen starken Belastung die festgestellten Veränderungen relativ gering sind. Das unterstreicht die hohe Selbstregulationsfähigkeit des Systems Boden bzw. Boden — Pflanze erneut. Vor allem aber lassen diese und andere Untersuchungsergebnisse den Schluß zu, daß eine weiträumige Abwasserlandbehandlung mit entsprechend vorgereinigten und von Giftstoffen freien Abwässern bodenkundlich unbedenklich sein dürfte, wenn die Wassergaben im Rahmen der jeweils ermittelten Grenzwerte bleiben.

Das Abwasserproblem berührt die Sanierungsfunktion des Bodens, die eng mit seiner Belastbarkeit durch Fremdstoffe verknüpft ist, mögen diese aus Emissionen der Industrie oder des Verkehrs stammen, dem Boden mit dem

Ziel der Abfallbeseitigung oder im Zuge der normalen land- und forstwirtschaftlichen Nutzung zugeführt werden. In allen Fällen ist die Frage, ob bzw. in welchem Verhältnis die zufällig oder absichtlich zugeführten Fremdstoffe im Boden abgebaut, gespeichert und akkumuliert oder aber ausgewaschen werden, sowie ob und inwieweit die gespeicherten Stoffe in pflanzenaufnehmbaren Formen vorliegen, in solche umgewandelt oder aber nicht pflanzenaufnehmbar festgelegt werden. Davon hängt es dann ab, ob Pflanzenschädigungen eintreten und ob mit der Aufnahme durch die Pflanze Gesundheitsschädigungen für Nutztiere und Menschen zu erwarten sind bzw. für möglich gehalten werden müssen. Jedoch ist darauf hinzuweisen, daß derartig lange Nahrungsketten, wie sie in Gewässern vom Phytoplankton über zahlreiche Tierpassagen zur Schadstoffakkumulation in Fischen führen, im Boden fehlen.

Abgesehen vom Abbau natürlicher organischer Stoffe sind im wesentlichen zwei Problemkreise zu betrachten, nämlich einmal das Verhalten von Oligoelementen mit toxischen Konzentrationsbereichen im Boden, zum anderen das Schicksal von organischen Verbindungen, die als Detergentien, Biozide sowie mit Industrieabfällen oder Emissionen in den Boden gelangen.

Speicherung, Akkumulation der Mobilisierung anorganischer Verbindungen mit toxischem Konzentrationsbereich, von denen viele bei niedriger Konzentration für die Ernährung von Pflanze, Tier und Mensch lebenswichtig sind, verlaufen im Boden sehr unterschiedlich (Allaway 1968).

So gelangen mit der Phosphatdüngung laufend erheblich *Fluor*mengen in den Boden, örtlich auch durch Emissionen. Zum Beispiel werden dem Boden bei Düngung mit Superphosphat jährlich je ha etwa 8 ... 30 kg F zugeführt. Diese werden jedoch sehr rasch als Fluorit, Fluorapatit oder aber silikatisch gebunden, so daß selbst auf Böden mit hohen Fluorgehalten meist keine wesentlich erhöhte Fluoraufnahme durch die Pflanzen festzustellen ist. Die Ernteentzüge liegen deshalb nur in der Größenordnung von 5 ... 80 g/ha, die Auswaschungsverluste zwischen 20 und 400 g/ha (Oelschläger 1968, Köpf, Oelschläger, Bleich 1968). Trotzdem wurden von einigen Forschern Bedenken gegen die Fluoranreicherung durch Phosphatdüngung unter Hinweis auf mögliche cancerogene Wirkungen erhoben (Schatz u. Schatz 1972).

Komplizierter liegen die Dinge bei den Schwermetallen, von denen zunächst *Kupfer* und *Zink* besprochen werden sollen, die besonders bei Zufuhren von Müllkompost oder Klärschlamm im Boden angereichert werden können, Kupfer darüber hinaus in Böden von Spezialkulturen, die regelmäßig mit kupferhaltigen Schädlingsbekämpfungsmitteln behandelt werden. Kupfer wird in erheblichem Umfang von organischen Bodensubstanzen komplex gebunden, in dieser Form kann es auch von den Pflanzen aufgenommen und — allerdings meist nur in geringem Umfang — im Boden verlagert werden. Außerdem wird Kupfer sehr stark und nicht austauschbar an Tonmineralen adsorbiert und in Eisen- und Manganoxidhydraten okkludiert. Auch Zink wird im Boden meist rasch nicht austauschbar gebunden, insbesondere bei hohem pH-Wert. Daher ist Kupfer- und Zinkmangel in Pflanzen viel häufiger als Überschuß, und daher sind in der Literatur Arbeitern über Kupfer- und Zinkmangel häufig, über Überschuß aber selten (vgl. Bucher 1971). Beide Schwermetalle können bei Überschuß zu Pflanzenschäden führen, insbesondere durch Störungen des Eisenstoffwechsels, worauf im Zusammenhang mit der Rieselmüdigkeit bereits hingewiesen wurde. Die Schädigungen der Pflanzen, aber auch Schäden bei Tieren, die derartige Pflanzen fressen, können durch gleichzeitigen Molybdänmangel verstärkt werden.

Ähnlich verhalten sich auch viele andere Schwermetalle, wie z. B. *Cadmium* oder *Chrom*. Zum Teil werden sie, wie z. B. *Blei* (Sommer u. a. 1971), von den Pflanzen nur beschränkt aufgenommen bzw. nicht in die oberirdischen Organe weitergeleitet. Daher ist die unmittelbare Kontamination der Pflanzen durch schwermetallhaltige Immissionen viel wichtiger als die Aufnahme aus dem damit angereicherten Boden (vgl. Purves 1968).

Gegenüber den Schwermetallen ist *Bor* in vielen, vor allem in sauren Böden relativ beweglich. Es wird zwar von organischen Substanzen durch Veresterung komplex und nicht pflanzenaufnehmbar gebunden und auch an Tonmineralen und Eisenoxiden besonders im schwach sauren bis schwach alkalischen Bereich adsorbiert, nach Austrocknung sogar nicht austauschbar festgelegt. Im sauren Bereich ist jedoch die Beweglichkeit recht hoch, so daß es dort zu erheblicher Borauswaschung kommen kann. Auf sauren Böden ist zudem der Bereich zwischen Bormangel und schädlichem Borüberschuß für die Pflanze nur schmal, zumindest bei borempfindlichen Pflanzen, u. a. bei Getreide, Leguminosen, aber auch Obst- und Waldbäumen (Bergmann 1968).

Schließlich soll auf das Verhalten von *Strontium* im Boden hingewiesen werden, das als ^{90}Sr im Zusammenhang mit dem fall out bei Atomexplosionen intensiv untersucht worden ist (Scott Russell 1963, Reissig 1966). Im Gegensatz zu den bisher behandelten Spurenelementen wird es im Boden großenteils austauschbar adsorbiert und verhält sich dabei wegen seiner gleichen Wertigkeit und des nur wenig größeren Ionendurchmessers ähnlich dem Calcium, das es in der Bindungsstärke übertrifft. Daher konkurrieren sowohl bei der Adsorption im Boden als auch bei der Nährstoffaufnahme durch die Pflanzen Calcium und Strontium, so daß z. B. die ^{90}Sr-Aufnahme durch die Pflanze relativ zum Calcium um so höher ist, je weniger austauschbares Calcium im Boden vorhanden ist (Scheffer u. Ludwig 1959). Außerdem wird die Bindungsfestigkeit des Strontiums durch hohe pH-Werte erhöht, durch saure Bodenreaktion erniedrigt. Sie ist auch in humushaltigen Bodenhorizonten erhöht (Juo and Barber

1970). Jedenfalls wird Strontium im Boden zwar akkumuliert, aber nur in sehr geringem Umfang fixiert, d. h. in nicht austauschbarer Form festgehalten, vielmehr im Laufe der Zeit, wenn auch sehr langsam, wieder ausgewaschen, was durch geeignete Maßnahmen wie z. B. Kalkung gefördert werden kann. Aber auch seine Aufnehmbarkeit durch die Pflanzen ist recht hoch, so daß durch ^{90}Sr verseuchte Böden auf lange Zeit kontaminierte Pflanzen liefern dürften. Die Sanierungsfunktion des Bodens ist also bei Strontiumimmissionen schwächer ausgeprägt als bei Zufuhren vieler Schwermetallionen.

Noch komplizierter liegen die Dinge bei organischen Verbindungen wie z. B. Detergentien, Bioziden und aus Immissionen stammenden organischen Stoffen (Goring u. Hamaker 1972), weil dort neben Adsorption und Auswaschung auch biochemischer oder chemischer Abbau eine entscheidende Rolle spielen und bei diesen Abbauvorgängen u. U. auch ausgesprochen toxische Spaltprodukte entstehen können.

Anionische Detergentien werden vom Boden zwar adsorbiert, aber auch relativ leicht wieder desorbiert. Im Gegensatz zu den älteren „harten" Detergentien mit verzweigten Seitenketten (Cordon 1966) werden die neueren sogenannten „weichen" Detergentien mit unverzweigten Seitenketten nach Untersuchungen in Durchlauflysimetern relativ gut mikobiell abgebaut (Kempf u. Carlsen 1968). Inwieweit bei Abwasserlandbehandlung mit detergentienhaltigem Wasser trotzdem diese Stoffe ins Grundwasser übergehen, bedarf wohl noch weiterer Prüfung.

Das Verhalten von Bioziden im Boden (Helling u. a. 1971) soll unter Hinweis auf die Vorträge von Fritsche (1973) u. Heinisch (1973) nur kurz gestreift werden.

Ein erstes Problem ist die Adsorption der Biozide im Boden (Bailey a. White 1970), die sowohl von Bodeneigenschaften als auch von den Eigenschaften der Biozide abhängt. Besonders die organische Bodensubstanz, aber auch Tonminerale, insbesondere solche mit hoher Überschußladung und zugänglichen Schichtpaketzwischenräumen, können Biozide adsorbieren. Die Adsorption kann die Wirksamkeit der Biozide mehr oder minder beeinträchtigen und ihre Abbaufähigkeit vermindern, aber auch erhöhen, jedenfalls setzt sie ihre Beweglichkeit (Harris 1969) und damit ihre Auswaschung in den Unterboden oder ins Grundwasser bzw. gasförmiges Entweichen herab.

Ein zweites Problem ist der chemische und vor allem der biochemische Abbau der Biozide (Esser 1970, Cullimore 1971). Er ist für die verschiedenen Stoffklassen sehr unterschiedlich, kann sich aber auch bei nahe verwandten Stoffen wesentlich unterscheiden. Besondere Aufmerksamkeit verdient dabei die Möglichkeit, daß für Menschen toxische, z. B. cancerogene Abbau- bzw. Umwandlungsprodukte entstehen. So können z. B. beim Abbau von als Herbizide verwendeten Phenylaniliden Aniline entstehen, die zu Azoverbindungen umgewandelt werden können (Bartha and Pramer 1970, Wallnöfer 1973).

Ein weiterer Problemkreis betrifft die Wirkung der Biozide auf die Bodenlebewelt und deren Dauer (Audus 1970, v. d. Drift 1970, Cullimore 1971), sowie deren Folgen für die Bodenfruchtbarkeit. Eng damit verknüpft ist das Problem der Persistenz der Biozide im Boden, die für die einzelnen Stoffklassen sehr unterschiedlich ist, und zwischen wenigen Wochen und mehreren Jahren schwankt. Zu all diesen Problemkreisen gibt es eine außerordentlich umfangreiche und trotz vorliegender Literaturübersichten (Helling, Kearney u. Alexander 1971) schwer zu übersehende und zu verallgemeinernde Literatur. Soweit mir bekannt, ist jedoch die auf die Dauer wichtigste Problematik noch nicht ausreichend bearbeitet, nämlich das Problem der Auswirkungen langjähriger Anwendung von Bioziden auf dem gleichen Standort. Das ist nicht verwunderlich, weil dazu langjährige Dauerversuche notwendig sind (vgl. Resz 1968). Während bisher vielfach keine nachteiligen Auswirkungen auf die Mikroflora festgestellt wurden, gibt es andererseits Hinweise auf eine weitgehende Vernichtung der Regenwürmer und dadurch verursachte Verschlechterung des Bodengefüges in längere Zeit intensiv mit Pflanzenschutzmitteln behandelten Obstkulturen (van de Westeringh 1972).

Die Akkumulation von langlebigen Bioziden bzw. deren Abbauprodukten, mögliche Verstärkungen oder andere Wechselwirkungen bei gleichzeitiger Anreicherung verschiedener Biozide und ihre Auswirkungen auf die Bodenlebewelt, die durch Anreicherung spezifischer biozidabbauender Organismen auch positiv sein kann, auf Pflanzenwachstum und Erntequalität, sind besonders wichtige, bisher aber noch ungenügend geklärte bzw. nur in speziellen Fällen ausreichend geklärte Fragen.

Immer größere Bedeutung scheint vor allem in industriellen Ballungsgebieten sowie entlang von Straßen die immissionsbedingte Zufuhr von toxischen organischen Verbindungen wie z. B. Benzpyren zu erlangen (Fritz u. Engst 1971). Dabei ergeben sich bodenkundlich ähnliche Probleme wie beim Verhalten im Boden selbst gebildeter toxischer Stoffe, sie sollen daher im Zusammenhang damit behandelt werden.

Daß im Boden durch die Bodenlebewelt, insbesondere Aktinomyceten und Pilze, biotisch aktive Stoffe gebildet werden, ist seit langem bekannt. Dadurch werden vor allem die Konkurrenzverhältnisse innerhalb der Bodenlebewelt stark beeinflußt. Derartige Stoffwechselprodukte der Mikroorganismen können aber ebenso wie Abbauzwischenprodukte von Pflanzenrückständen auch das Pflanzenwachstum sowohl stimulieren als auch hemmen. Jedoch sind bisher vorwiegend die wachstumsfördernden Substanzen bzw. Einflüsse untersucht worden (FLAIG 1968, ALEKSANDROVA 1972), wachstumshemmende Einflüsse (KRASILNIKOV 1960) dagegen in viel geringerem Maße.

Offensichtlich gehen jedoch bestimmte Erscheinungen der sogenannten „Bodenmüdigkeit“ auf mikrobiell erzeugte Stoffe zurück (ŽUKOVA 1964, OTTO 1972/73). Auch die stellenweise beobachtete wachstumshemmende Wirkung von verrottendem Stroh bei Stoppelsaaten ist hier zu nennen (KIMBER 1967, ISWARAN a. HARRIS 1968, PATRICK 1971). Vielfach wurden phytotoxische Substanzen bzw. die sie ausscheidenden Mikroorganismen (ŽUKOVA 1964) aus Böden und verrottenden Pflanzenteilen isoliert und in Wasserkulturen oder Gefäßversuchen geprüft, so z. B. verschiedene Phenolsäuren (MIŠCUSTIN u. EROFEEV 1966, GUENZI a. Mc CALLA 1966). Inwieweit derartige Substanzen auch im natürlichen Boden Bedeutung haben, ist oft unklar; am ehesten ist eine solche Wirkung wohl an begrenzten Mikrostandorten im Boden zu erwarten, z. B. in der Umgebung sich zersetzender Pflanzenstoffe, so daß u. U. latente Schäden entstehen — z. B. Wachstumshemmungen oder Absterben einzelner Wurzelpartien (vgl. KIMBER 1967). Werden derartige Stoffe jedoch in die oberirdischen Pflanzenteile oder in unterirdischen Speicherorgane usw. transportiert, und bleiben sie im pflanzlichen Stoffwechsel ± unverändert erhalten, dann sind auch toxische Wirkungen auf Tiere und den Menschen nicht auszuschließen, z. B. wenn die im Boden gebildeten Wuchs- und Hemmstoffe cancerogen oder mutagen sind. Auch dabei ist zu fragen, ob die Konzentration derartiger Stoffe im Boden oder in der Pflanze in die Nähe von auf Tiere oder Menschen bezogenen toxische Schwellenwerte kommt bzw. im Laufe der Zeit eine Akkumulation im menschlichen Organismus zu befürchten ist. Gleiches gilt für toxische Stoffe, die durch Wechselwirkungen zwischen Abbauzwischenprodukten bzw. zwischen diesen und mikrobiellen Syntheseprodukten z. B. im Zuge der Zersetzung organischer Substanzen und der Huminstoffbildung entstehen. So lassen sich z. B. auch in von Immissionsquellen weit entfernten Böden Benzpyren und andere cancerogene Kohlenwasserstoffe finden (BLUMER 1961). Die Bildung von Dimethylnitrosamin bei Umsetzungen im Boden wurde experimentell als möglich nachgewiesen (AYANABE, VERSTRAETEN, ALEXANDER 1973).

Nun sind viele toxikologisch bedenkliche Substanzen, wie Polyphenole und Phenolkarbonsäuren, bevorzugte Bestandteile der Huminstoffe, die heterogene Polymerisationsprodukte aromatischer, aber auch aliphatischer Abbauzwischenprodukte und mikrobieller Syntheseprodukte darstellen. Soweit nun toxische im Boden gebildete oder aus Immissionen stammende Stoffe an die Huminstoffmakromoleküle bzw. Sphärokolloidteilchen peripher angelagert werden, könnten sie durchaus biologisch wirksam bleiben bzw. in Zeiten hoher Enzymproduktion wieder abgespalten werden (KLEINHEMPEL 1970, KLEINHEMPEL u. Mitarb. 1971). Soweit sie jedoch ins Innere der netzförmig gebauten Huminstoffmoleküle diffundieren bzw. dort eingebaut werden, dürften sie auf lange Zeit unwirksam gemacht sein. Solange sie jedoch frei im Boden vorkommen, unterliegen sie ebenso wie die zu ihrer Bildung notwendigen Bausteine auch mikrobiellem Abbau. Jedenfalls laufen im Boden nicht nur Vorgänge ab, die zur Entstehung toxikologisch bedenklicher Stoffe führen können, sondern auch Vorgänge, die ihrer Akkumulation entgegenwirken. Es ist daher z. Z. kaum zu übersehen, ob bzw. unter welchen Bedingungen die Bildung toxischer Stoffe im Boden praktisch Bedeutung hat.

Der vorstehende kurze und sicher unvollständige Überblick über bodenkundliche Aspekte der Umweltproblematik dürfte gezeigt haben, wie mannigfaltig diese sind und wie viele Fragen noch zu lösen sind. Offensichtlich sind sehr viele Umweltprobleme mit Bodenprozessen und Bodeneigenschaften verknüpft, erfordern die Mitarbeit von Bodenkundlern, stellen andererseits der bodenkundlichen Forschung auch neue Aufgaben.

Zusammenfassung

Als wichtige Komponenten der Umwelt und bedeutende Naturressourcen sind die Böden Gegenstand von Umweltgestaltung, Umweltnutzung und Umweltschutz. Ihre gesellschaftlich wichtigen Funktionen erfordern es, sie vor Zerstörung und Minderung ihrer Fruchtbarkeit sowie vor volkswirtschaftlich unzweckmäßiger Nutzung zu schützen. Die Reproduktion des Gebrauchswertes des Bodens ist ein wichtiger Teil der Umweltgestaltung, andererseits ergeben sich aus der Bodennutzung in der Landwirtschaft u. U. auch ungünstige Nebenwirkungen in anderen Teilen der Umwelt. Im Zusammenhang damit werden die Bedeutung der Struktur der Bodendecke für eine industriemäßig betriebene Land- und Forstwirtschaft sowie Möglichkeiten ihrer Verminderung, der Schutz der Böden vor Erosion sowie der Einfluß der Bewirtschaftung, insbesondere Düngung und Abwasserlandbehandlung auf die Grundwasserqualität und Gewässereutrophierung diskutiert. Abschließend wird die Sanierungsfunktion des Bodens und seine Belastbarkeit gegenüber toxisch wirkenden Oligoelementen, Detergentien, Bioziden und Immissionen organischer Natur sowie die Bildung toxisch wirkender Stoffe im Boden selbst behandelt.

Literatur

Aleksanrova, L. A.: O fiziologičeskoj aktivnosti gumusovych veščestv i produktov metabolizma mikroorganizmov. In: Kononova, M. M. (Hrsg.) Organičeskoe veščestvo celinnvch i osvoennych počv, Moskva, Izd. „Nauka“ 1972.

ALLAWAY, W. H.: Agronomic controls over the environmental cycling of trace elements. Adv. Agron. **20**, 235—274 (1968).

AMBERGER, A.: Belastung und Entlastung der Oberflächengewässer durch die Landwirtschaft. Landwirtsch. Forsch. Sd. H. 27/I, 13—24 (1972).

ANDREEVA, E. A., und G. M. ŠČEGLOVA: Vlijanie ingibitorov nitrifikacii na balans azota sernokislogo ammonija v počve. Agrochimija Nr. 9, 11—19 (1971).

ASMUS, F.: Die Stellung der organischen Düngung im Düngungssystem unter industriemäßigen Produktionsbedingungen. Arch. Acker-, Pflanzenbau, Bodenkd. **17**, 637—642 (1973).

ASMUS, F., und E. VETTERLEIN: Untersuchungen über den Einfluß einer langjährigen Abwasserverrieselung auf einige wichtige Bodeneigenschaften. 1. Mitt. Makromorphologische und chemische Untersuchungen. Thaer-Arch. **13**, 631—643 (1969).

AUDUS, L. I. (Hrsg.): The physiology and biochemistry of herbicides, London and New York. Acad. Press. 1964, XII + 555 S.

AUDUS, L. I.: The action of herbicides and pesticides on the microflora, Meded. Facult. Landbouw-Wetensch. Rij'ks-Univ. Gent **35**, 2, 465—492 (1970).

AYANABE, A., W. VERSTRAETEN und M. ALEXANDER: Formation of dimethyl-nitrosamine, a carcinogen and mutagen, in soils treated with nitrogen compounds. Soil Sci. Soc. America Proc. **37**, 565—568 (1973).

BACHTHALER, G., und A. WAGNER: Ergebnisse langjähriger Vergleichsversuche Stroh-Gründüngung und Strohverbrennung unter verschiedenen Standortbedingungen. Bayer. landw. Jb. **50**, 436—461 (1973).

BADEN, W.: Sorption und Wanderung von Ca, P, K und N in Moorböden. In: Land erosion, hydrometry, soil moisture. Intern. Ass. Symp. Hydrology, Berkeley Publ. No. **65**, 80—92 (1963).

BAILEY, G. W., und I. L. WHITE: Factors influencing the adsorption, desorption and movement of pesticides in soil. Residue Rev. **32**, 29—92 (1970).

BARTHA, R., und D. PRAMER: Metabolism of Acylanilide herbicides. Adv. applied Microbiol. **13**, 317—341 (1970).

BERGE, H.: Immissionsschäden (Gas-, Rauch- und Staubschäden). In: Sorauer, P., Hdb. d. Pflanzenkrankheiten **1**, 7. Aufl., 5. Liefer., 1—169 (1970).

BERGMANN, W.: Die Bedeutung der Mikronährstoffe in der Landwirtschaft. Fortschr.-Ber. Landwirtsch. **6**, H. 2/3, 128 S. (1968).

BLUMER, M.: Benzpyrenes in soil. Science **134**, 474 (1961).

BRONNER, H., und V. JANIK: Bodenkundliche Untersuchungen bei rinderhaltenden und rinderlosen Zuckerrübenbaubetrieben in Oberösterreich. Bodenkultur (Wien) **25**, 223—251 (1974).

BUCHER, R.: Beurteilungsprobleme von Kupfergehalten in Böden und Erden verschiedener Nutzungsart. Kalibriefe (Hannover), Fachgeb. **1**, 11. Folge (1971), 6 S.

BUNDY, L. G., und L. G. BREMNER: Inhibition of nitrification in soils. Soil Sci. Soc. America Proc. **37**, 396—398 (1973).

CORDON, T. C.: Synthetic detergents: some aspects of their relation to agriculture. Soil Sci. **102**, 1—17 (1966).

CULLIMORE, D. R.: Interaction between herbicides and soil microorganisms. Residue Rev. 35, 65–80 (1971).

DRIFT, I. VAN DER: Pesticides and soil fauna. Meded. Facult. Landbouw-Wetensch. Rijks-Univ. Gent 35, 2, 707–716 (1970).

EGGELSMANN, R., und H. KUNTZE: Vergleichende chemische Untersuchungen zur Frage der Gewässereutrophierung aus landwirtschaftlich genutzten Moor- und Sandböden. Landwirtsch. Forsch. Sd. H. 27/I, 140–154 (1972).

EHWALD, E.: Zum Begriff und Wesen der Bodenfruchtbarkeit. Sitz.-Ber. Dtsch. Akad. Landwirtsch.-Wiss. 12, H. 14, 29 S. (1963).

ERICKSON, A. E., C. M. HANSEN und A. I. M. SMUCKER: The influence of subsurface asphalt barriers on the water properties and the productivity of sand soils. Trans. 9. int. Congr. Soil. Sci. 1, 331–337 (1968).

ESSER, H. O.: The biodegradation of pesticides in soil. Meded. Facult. Landbouw-Wetensch. Rijks-Univ. Gent. 35, 2 753–784 (1970).

FINK, A.: Filterfunktion und Produktivität von Böden. Mitt. Dtsch. bodenkundl. Ges. 16, 311–313 (1972).

FLAIG, W.: Einfluß von organischen Bodenbestandteilen auf das Pflanzenwachstum. Landwirtsch. Forsch. 21, 103–127 (1968).

FLEGEL, R.: Die Verbreitung der Bodenerosion in der Deutschen Demokratischen Republik. Bodenkunde u. Bodenkultur 6, Leipzig 1958, 104 S.

FLEGEL, R.: Schäden durch Wassererosion im Bezirk Neubrandenburg und praktische Möglichkeiten des Erosionsschutzes. Wissensch. u. Praxis. Organ Rats landw. Produkt. Nahrungsgüterwirtsch. Bez. Neubrandenburg 4, 382–387 (1968).

FLEGEL, R.: Bodenerosion (Wasser) (1970). In: MEURER, A., und W. ROUBITSCHEK (Hrsg.). Planungsatlas Landwirtsch. Nahrungsgüterwirtsch. DDR. Berlin, Rat landw. Prod. Nahrungsgüterwirtsch. (1968 ff).

FOERSTER, P.: Stoffzusammensetzung des Boden- und Grundwassers in Sandböden in unterschiedlichen Tiefenbereichen bei organischer und mineralischer Düngung, auf Acker- u. Grünland. Mitt. Dtsch. bodenk. Ges. 16, 165–178 (1972).

FRIDLAND, V. M.: Struktura počvennogo pokrova. Moskva, Izd. „Mysl'", 1972, 423 S.

FRITSCHE, W.: Chemische Abbauleistungen von Mikroorganismen unter besonderer Berücksichtigung des Abbaus von Umweltchemikalien. Akad. Wiss. DDR. Wiss. Thesen 1973, H. 6, S. 25–30 (Als Manuskr. gedr.).

FRITZ, W., und R. ENGST: Zur umweltbedingten Kontamination von Lebensmitteln mit krebserzeugenden Kohlenwasserstoffen. Z. ges. Hyg. Grenzgeb. 17, 271–275 (1971).

GORING, C. A. I., und I. W. HAMAKER (Hrsg.): Organic chemicals in the soil environment. Vol. I u. II, New York, M. Dekker, 1972, 968 S.

GRÜNEBERG, G.: Die gegenwärtigen Aufgaben bei der weiteren Verwirklichung der vom VIII. Parteitag beschlossenen Agrarpolitik der SED. Berlin, Dietz-Verl., 1974, 48 S.

GUENZI, W. D., and T. M. MCCALLA: Phytotoxic substances extracted from soil. Soil Sci. Soc. America Proc. 30, 214–216 (1966).

Günther, I., und D. Schroeder: Einfluß von Bodeneigenschaften auf die Aufnahme von radioaktivem Strontium durch Pflanzen. Z. Pflanzenern., Bodenkd. **119**, Sci. Soc., America Proc. **30**, 214—216 (1966).

Haase, G., und R. Schmidt: Die Struktur der Bodendecke und ihre Kennzeichnung. Thaer-Arch. **14**, 399—412 (1970).

Harris, C. I.: Movement of pesticides in soil. J. Agr. Food Chem. **17**, 80—82 (1969).

Heinisch, E.: Stand und Perspektiven der Verminderung von Umweltbelastungen durch Agrochemikalien. Sitzungsberichte der Akad. Wiss. DDR, 12 N (1975).

Helling, Ch. S., Ph. C. Kearney und M. Alexander: Behaviour of pesticides in soil. Adv. in Agron. **23**, 147—240 (1971).

Juo, A. S. R., und S. A. Barber: The retention of strontium by soils as influenced by pH, organic matter and saturation cations. Soil Sci. **109**, 143—148 (1970).

Jauert, R., H. Ansorge und H. Görlitz: Einfluß von N-Serve auf Nitrifikation, Pflanzenwachstum und P-Aufnahme. Thaer-Arch. **12**, 487—497 (1968).

Jung, I.: Faktoren der Stickstoffauswaschung aus dem Oberboden und Beziehungen zum Gewässerschutz. Landwirtsch. Forsch. **25**, 336—354 (1972).

Katzur, H. J.: Die Bodenmelioration extrem saurer Kippenrohböden. Diss. (B), Berlin, 1971.

Kempf, Th., und S. Carlsen: Chemische und mikrobiologische Abbauvorgänge bei der Bodenpassage anionischer Detergention in Durchlauflysimetern. Z. Kulturtechnik, Flurbereinig. **9**, 209—226 (1968).

Kick, H., und R. Kretzschmar: Zur Anreicherung von NO_3^--, SO_4^-- und NH_4^--Ionen in Boden und Grundwasser infolge von Düngungsmaßnahmen. Landwirtsch. Forsch. **21**, 3—18 (1968).

Kimber, R. W. L.: Phytotoxicity from plant residucs. 1. The influence of rotted wheat straw on seedling growth. Australian J. agric. Res. **18**, 361—374 (1967).

Kleinhempel, D.: Ein Beitrag zur Theorie des Huminstoffzustandes. Thaer-Arch. **14**, 3—14 (1970).

Kleinhempel, D., H. E. Freytag und K. Steinbrenner: Grundlagen und Aspekte der Steuerung des Umsatzes organischer Stoffe im Boden. Arch. Bodenfruchtbark., Pflanzenprod. **15**, 155—176 (1971).

Köpf, H., W. Oelschläger und K. E. Bleich: Fluorgehalte in boden- und gesteinsbürtigen Ursprungsgewässern. Z. Pflanzenernähr. — Bodenk. **121**, 133—141 (1968).

Kolbe, G., und H. Stumpe: Die Strohdüngung. Fortschr.-Ber. Landwirtsch. **6**, H. 7, 71 S. (1968).

Koriath, H., und Kollektiv: Neue Ergebnisse und Erfahrungen beim Lagern, Ausbringen und Verwerten der Gülle. Empfehlungen für die Praxis. Markkleeberg, Landwirtsch.-Ausst. DDR, 1974, 23 S.

Kovda, V. A.: Biosfera, počvy i ich ispol'zovanie. Materialy 10. meždunar. Kongr. Počvovedov. Moskva, Inst. Agrochimii Počvoved. 1974, 128 S.

Krasil'nikov, N. A.: Značenie mikroorganizmov v toksikoze počvy. In: Dokl. sovetsk. Počvovedov VII. meždunarodn. Kongr. SŠA, Moskva, Izd. Akad. Nauk, SSSR, 1960, S. 169–174.

Krüger, W„ und W. Hirte: Wasserwirtschaftliche Aspekte bei der landwirtschaftlichen Gülleverwertung, Mitteilung vorläufiger Belastungskennziffern. Wasserwirtsch. Wassertechn. 22, 201–204 (1972).

Kühn, G., und I. Lange: Einfluß einer langjährigen Gülledüngung im Vergleich zu anderen organischen Düngemitteln auf Löß-Schwarzerde. Tag. Ber. Dtsch. Akad. Landwirtsch.-Wiss. Berlin Nr. 116, 71–80 (1971).

Kullmann, A.: Synthetische Bodenverbesserungsmittel. Berlin, VEB Dtsch. Landwirtsch.-Verl. 1972, 141 S.

Kundler, P.: Ausnutzung, Festlegung und Verluste von Düngemittelstickstoff. Thaer-Arch. 14, 191–210 (1970).

Kundler, P.: Die Steigerung der Bodenfruchtbarkeit als Teil der Intensivierung und des Übergangs zu industriemäßigen Produktionsmethoden in der Landwirtschaft der DDR. Arch. Acker- u. Pflanzenbau, Bodenkd. 16, 571–580 (1972).

Lange, H.: Parameter für den Einsatz der Gülle im Rahmen des EDV-Projektes „Organische Düngung". Arch. Acker- und Pflanzenbau, Bodenkd. 17, 643–648 (1973).

Laue, W., S. Krüger, W. Netsch und E. Werner: Toxikologische Prophylaxe beim Übergang zur industriemäßigen Produktion in der sozialistischen Landwirtschaft. Mh. Vet.-Med. 27, 850–858 (1972).

Michelsen, E., und M. Pavoni: Abwasserschäden bei Pflanzen. In: Sorauer, P., Handb. d. Pflanzenkrankh. 7. Aufl., I, 4, 171–198 (1970).

Mišustin, E. N., und N. C. Erofeev: Priroda toksičeskich soedinenij razlagajuščejsja v počve solomy. Mikrobiologija 35, 150–154 (1966).

Oelschläger, W.: Zur Fluoranreicherung des Bodens durch Flugstaub und Düngemittel. Z. Pflanzenern. Bodenkd. 121, 142–146 (1968).

Olbertz, M.: Entwicklungstendenzen und Absorptionsvermögen Berliner Rieselböden. Wasserwirtsch.-Wassertechnik 2, 1. Sd. Nr., 14–16 (1952).

Otto, G.: Untersuchungen über die Ursache der Bodenmüdigkeit bei Obstgehölzen I–V. Zbl. Bakt., Abt. II, 127, 279–289, 601–611, 777–782, 783–788 (1972) u. 128, 377–382 (1973).

Patrick, Z. A.: Phytotoxic substances associated with the decomposition in soil of plant residues. Soil Sci. 111, 13–18 (1971).

Prasad, R., G. B. Rajale und B. A. Lakudive: Nitrification retarders and slow-release nitrogen fertilizers. Adv. in Agron. 23, 337–383 (1971).

Purves, D.: Trace element contamination of soils in urban areas. Trans. 9 int. Congr. Soil Sci. 2, 351–355 (1968).

Rehbein, G., G. Kühn und G. Kolbe: Wirkung von Gülle und Gülle/Stroh auf Ertrag und Humusreproduktion im Boden auf Lö- und D-Standorten. Arch. Acker-, Pflanzenbau, Bodenkd. 16, 31–37 (1972).

Reinhold, A., und F. Asmus: Zur Anwendung von Luftbildern bei der großmaßstäblichen landwirtschaftlichen Bodenkartierung. Thaer-Arch. 12, 401–412 (1968).

Reissig, H.: Untersuchungen über die ^{90}Sr-Auswaschung in Böden. Chemie d. Erde 25, 204—229 (1966).

Resz, A.: Untersuchungen in Herbizid-Dauerversuchen. Quantitative Veränderungen in der Bodenmikroflora durch elfjährige Anwendung bestimmter Herbizide. Z. Pflanzenkrankh., Pflanzenschutz, Sd. H. IV, 147—150 (1968).

Schatz, A., und V. Schatz: Use of compost instead of chemical fertilizer to avoid fluorine contamination of soil, water and food. Compost-Sci. — J. Waste Recycling 13, Nr. 2 (1972).

Schmidt, R.: Standortkundliche Aufgaben für die Homogenisierung von Bodenflächen zur Großflächenbewirtschaftung. Geogr. Ber. 52/53, 204—214 (1969).

Schmidt, R.: Standörtliche Heterogenität und Großflächennutzung in der Deutschen Demokratischen Republik. Wiss. Abh. geogr. Ges. DDR 9, 195—204 (1972).

Schwarz, K. (Hrsg.): Rationelle Gestaltung der Verwertung von Abwässern und Abwasserschlamm in der sozialistischen Landwirtschaft. Tagungs.-Ber. Dtsch. Akad. Landwirtsch.-Wiss. 106, Berlin 1970, 254 S.

Scott Russell, R.: The extent and consequences of the uptake by plants of radioactive nuclides. Ann. Rev. Plant Physiol. 14, 271—294 (1963).

Simakova, M. S., und G. A. Seršukova: Dešifrirovanie počvennogo pokrova po aérofotosnimkam v podzone dernovo-podzolistych počv Evropejskoj časti SSSR. In: Krupnomasštabnaja kartografija počv. Moskva, Izd. „Nauka", 1971. S. 36—55.

Sommer, C., A. Rosopulo und I. Klee: Die Bleikontamination von Pflanzen und Böden durch Kraftfahrzeugabgase. Z. Pflanzenernähr., Bodenkd. 130, 193—205 (1971).

Ulrich, B.: Die Filterfunktion von Böden. Mitt. Dtsch. bodenkundl. Ges. 16, 123—129 (1972).

Vetter, H., und A. Klasink: Untersuchungen zu den Grenzen der Anwendung von Schweine- und Hühnergülle. Landwirtsch. Forsch. Sd. H. 27/I, 140—154 (1972).

Wallnöfer, P.: Über den Abbau von Phenylamiden durch Bodenmikroorganismen. Bayer. landwirtsch. Jb. 50, 289—320 (1973).

Weise, K.: N-, K-, Ca- und Mg-Auswaschungsverluste aus sandigen Ackerböden in den Jahren 1966 bis 1969. Arch. Bodenfruchtbark., Pflanzenproduktion 15, 97—106 (1971).

Weise, K.: N-, K-, Ca- und Mg-Auswaschungsverluste auf verschiedenartigen Ackerböden. Arch. Acker-, Pflanzenbau, Bodenkd. 16, 319—328 (1972).

Werner, D.: Untersuchung der Denudationsdisposition in Thüringen verbreiteter Bodenformen und von Maßnahmen zu ihrer Veränderung. In: Arb. Inst. Meliorationswes. Grünland Univ. Jena 1965—67, Jena 1967, 29—42.

Westerlingh, I. van de: Deterioration of soil structure in worm-free orchard soils. Pedobiologia 12, 6—15 (1972).

Wiechmann, H.: Überlegungen zum Phosphataustrag aus Böden. Phosphorsäure 29, 67—84 (1971).

Wiklander, L.: Utlakning av näringsämnen. 1. Halter i dräneringsvatten. Grundförbättring 23, 117—141 (1970).

WÜNSCHE, M., W. D. LORENZ, A. SCHUBERT u. a.: Die Bodenformen der Kippen und Halden im Braunkohlengebiet südlich von Leipzig. Schr.-R. Veröff. Landschaftspflege u. Landschaftsplanung Berlin. Humboldt-Univ., 1969/I, 58 S.

WÜNSCHE, M., W. D. LORENZ u. a.: Die Bodenformen der Kippen und Halden im Niederlausitzer Braunkohlenrevier. Mitt. VEB Geol. Forsch. Erkund. Halle, BT Freiberg, 1972, 45 S.

ŽUKOVA, R. A.: O toksičnosti počv kol'skogo poluostrova po otnošeniju k rastenijam. Počvovedenie 9, 81—88 (1964).

o. A.: IV. Symposium über die Wiedernutzbarmachung der durch die Industrie devastierten Territorien. Teil I u. II, Leipzig 1970, DAL, Inst. Landesforsch. u. Naturschutz Halle, Zweigst. Dölzig.

o. A.: Statistisches Jahrbuch 1974 der DDR. Hrsg. Staatl. Zentr.-Verw. Statistik. Berlin, Staats-Verl. DDR, 1974.

ISWARAN, V., und I. R. HARRIS: The bacteria of decomposing wheat straw and their effects on plant growth. Trans. 9. int. Congr. Soil. Sci. 3, 501—512, 1968.

NITZSCHE, G.: Untersuchungen über Phosphor- und Stickstoffabtrag von landwirtschaftlichen Nutzflächen zur Verhinderung der Eutrophierung der Rappbodetalsperre im Harz. Diss., Halle 1974.

PFAFF, D.: Das Verhalten der Phosphorsäure und der Alkalien in langjährigen Lysimeterversuchen. Z. Acker- u. Pflanzenbau 117, 100—113, 1963.

RINNO, G.: Ein Beitrag zu den Ursachen der Rieselmüdigkeit von Böden. Thaer-Arch. 8, 699—710, 1964.

SCHEFFER, F., und F. LUDWIG: Gefäßversuche über die Aufnahme von Radiostrontium aus dem Boden. Z. Pflanzenernähr., Düng., Bodenk. 85, 244—249, 1959.

Emanuel Heinisch

Stand und Perspektiven der Verminderung von Umweltbelastungen durch Agrochemikalien

Die landwirtschaftliche Produktion trat als beachteter Umweltkontaminant etwa ein Jahrhundert später in Erscheinung als die industrielle Produktion, obgleich sie als Volkswirtschaftszweig weitaus älter ist. Der wesentliche Grund hierfür liegt in dem langsamen Entwicklungstempo ihrer Produktionsmethoden; die gewaltigen Disproportionen innerhalb der Befriedigung des Ernährungsbedarfs wurden von den herrschenden Klassen aufrechterhalten. Karl Marx wies 1863 in seinen „Theorien über den Mehrwert" darauf hin, daß „auf einem gewissen Höhepunkt der Industrie ... die Disproportionen abnehmen, d. h. die Produktivität der Agrikultur sich relativ rascher vermehren muß, als die der Industrie".

In der DDR vollzieht sich gegenwärtig die Etappe der vermehrten Anstrengungen zur Einführung industriemäßiger Produktionsverfahren in der Landwirtschaft auf der Basis ihrer Intensivierung durch Mechanisierung und Chemisierung. Die Notwendigkeit dieses Prozesses erklärt sich allein aus der Tatsache, daß den 2,2 Millionen in der Landwirtschaft der DDR beschäftigten Menschen 1950 die Zahl von 869 000 im Jahre 1972 gegenübersteht und dies bei einem stetigen Zuwachs an landwirtschaftlichen Produkten (Grüneberg 1972).

Innerhalb der Pflanzenernährung ist mit einer erheblichen Steigerung der Mineraldüngergaben und der Verwertung organischer Dünger, die aus der tierischen Produktion stammen, zu rechnen. Für die Jahre 1971 bis 1975 ist eine Steigerung der Bereitstellung von Mineraldünger bei

Stickstoff	von 520 auf 800 kt/a	
Phosphorsäure	von 440 auf 523 kt/a	und
Kali	von 614 auf 710 kt/a	

vorgesehen (Ewald 1972). Noch deutlicher kommt der außerordentlich hohe Zuwachs innerhalb der Mineraldüngerraten in der folgenden Tabelle zum Ausdruck.

Tabelle 1
Entwicklung der Mineraldüngung in der DDR in kg Reinnährstoff je ha landwirtschaftlicher Nutzfläche, zusammengestellt von Kramer u. Mitarbeiter 1972, ergänzt durch o. V. 1973

Düngungszeitraum	N	P	K
1901	3,0	4,4	3,8
1938/39	32,8	12,0	40,0
heutiges Gebiet der DDR			
1949/50	27,8	6,3	42,4
1956/57	34,9	12,5	59,0
1959/60	37,9	14,4	68,4
1963/64	48,0	18,0	70,2
1965/66	66,1	20,9	76,6
1967/68	70,0	25,0	78,0
1971/72	100,3		
1975	135,0	36,0	92,0
1980	150,0	40,0	120,0

Einen stetig zunehmenden ökonomischen Stellenwert gewinnt dabei der Pflanzenschutz, der bei 1—5% der Gesamtproduktionskosten in der Feldwirtschaft 20—30% und im Obstbau bis zu 60% des Gesamtertrages zu verantworten hat (Lyr 1972). Neben der Einengung der Ertragsamplitude ist der Pflanzenschutz zugleich noch ein wesentlicher Teil der Mechanisierungskette in der pflanzlichen Produktion. Die mechanische Kartoffelernte ist ohne vorhergehende chemische Krautabtötung — die als Phytophthora-Bekämpfung zugleich eine Pflanzenschutzmaßnahme darstellt — nicht möglich. Besonders deutlich wird dies beim Ersatz der manuellen Arbeit im Betarübenbau durch chemische Maßnahmen und bei dem industriemäßigen Anbau einiger Kulturen wie Kirschen, Beerenobst, verschiedene Gemüsearten, der ohne den Einsatz von Wachstumsregulatoren und Herbiziden nicht mehr möglich sein wird. Dies führt dazu, daß sich in der DDR die chemisch behandelten Flächen von 1970 bis 1980 etwa verdoppeln werden, was so zu verstehen ist, daß bisher wenig behandelte Flächen, wie etwa das Grünland, zunehmend der Einwirkung von Agrochemikalien ausgesetzt sein und daß zahlreiche Flächen mehrmals im Jahre chemisch behandelt werden.

Neben der landwirtschaftlichen Produktion spielen Pflanzenschutzmittel (PSM) und Mittel der biologischen Prozeßsteuerung (MBP) eine wesentliche Rolle innerhalb der Seuchenhygiene, der Kommunalhygiene und der Landschaftsgestaltung. Das Pflanzenschutzmittelverzeichnis der DDR von 1972/73 mit den dazugehörigen Anlagen umfaßt Präparate auf der Basis von etwa 100 Wirkstoffen. Im Weltmaßstab werden etwa 350 insektizide, fungizide, herbizide, rodentizide u. a. Wirkstoffe eingesetzt. Diese Diskrepanz gegenüber dem Weltmaßstab ist nur teilweise auf einen Nachholebedarf zurückzuführen. Eine Vielzahl von Wirkstoffen mit gleichen oder ähnlichen Wirkungsspektren werden in den kapitalistischen Ländern aus Gründen der Konkurrenz produziert; ihr Vorhandensein ist objektiv nicht erforderlich. Von den in der DDR eingesetzten etwa 100 Wirkstoffen machen mengemäßig die folgenden 10 etwa 85% des Anwendungsvolumens aus:

Carbamate und Thiocarbamate (Fungizide und Herbizide)
Triazine (Herbizide)
Phosphororganica (hauptsächlich Parathion-methyl und Dimethoat)
Dinitroverbindungen (Herbizide, Desikkanten)
Wuchsstoffherbizide
Kupferpräparate
Lindan
DDT
Camphechlor (Insektizid, Rodentizid)
Chlorat

Die Reihenfolge gibt die mengenmäßige Bedeutung nicht exakt wieder.

Innerhalb der genannten 10 wichtigsten Wirkstoffe sind die folgenden toxikologisch oder im Hinblick auf mögliche Umweltbelastungen relevant:

- Dinitroverbindungen (hier vor allem das DNOC) hinsichtlich der akuten Toxizität und der großen Beständigkeit der Rückstände auf behandeltem pflanzlichem Erntegut. Das DNOC muß daher noch als Relikt aus der Gruppe der PSM der ersten Generation bezeichnet werden. Es konnte aus ökonomischen Gründen bis jetzt noch nicht durch im Ausland produzierte Verbindungen mit der gleichen Wirkung und ohne die genannten unerwünschten Nebenwirkungen ersetzt werden.
- Das DDT in seinen gegenwärtigen Ausbringungsformen steht im Verdacht chronischer Giftwirkungen, wird in Organen und Geweben lebender Organismen gespeichert sowie von Säugetieren, also auch vom Menschen, mit der Milch ausgeschieden. Innerhalb terrestrischer und aquatischer Nahrungsketten wird es angereichert. Es ist als Mitverursacher für den Populationsrückgang verschiedener seltener Vogelarten anzusehen.
- Das 2,4,5-T stand lange Zeit im Verdacht teratogener Wirkungen. Diese Annahme erwies sich als irrig, da nachgewiesen werden konnte, daß die

genannten Wirkungen durch eine Verunreinigung des Wirkstoffes zustande kamen. Es handelt sich hierbei um das 2,3,6,7-Tetrachlor-dibenzo-p-dioxin der folgenden Konstitution [Abb. 1]:

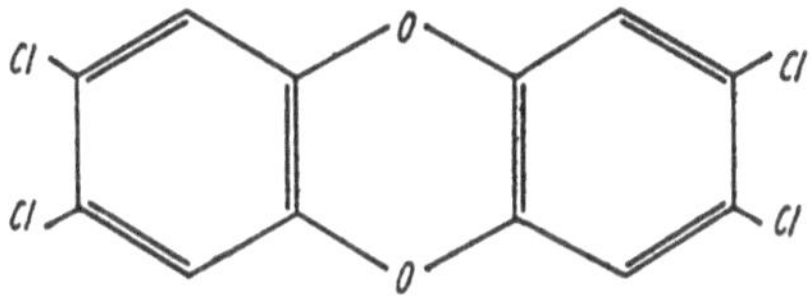

Abb. 1

Die in der DDR produzierten und eingesetzten Präparate auf der Basis von 2,4,5-T enthalten die teratogene Verunreinigung nur in solchen Mengen, die von den Instanzen des Gesundheitswesens als unbedenklich toleriert werden.

— Das Camphechlor ist eine chemisch nicht definierte Verbindung, ein technisches Produkt, das aus zahlreichen analogen Stoffen besteht. Seine toxikologische Absicherung sowie der mengenmäßige Nachweis und der Ab- und Umbau in Mensch und Umwelt gestalten sich außerordentlich kompliziert und sind unsicher.

Die anderen der 10 genannten Wirkstoffe bzw. Wirkstoffgruppen sind, von ganz speziellen Ausnahmen abgesehen, hinsichtlich einer Umweltbelastung und toxikologischen Relevanz unbedeutend. Neben den 10 Wirkstoffen bzw. Wirkstoffgruppen enthält das PSM-Verzeichnis 1972/73 etwa 10 hochtoxische Wirkstoffe, die mit Ausnahme der Organoquecksilberverbindungen nur in geringen Mengen für Spezialeinsätze unter teilweise streng kontrollierten Bedingungen (z. B. ist ihr Einsatz konzessionspflichtig) angewendet werden.

Im Weltmaßstab ist zu beobachten, daß die Anwendung von Agrochemikalien stimuliert wird einmal durch künstlich erzeugte Konsumtionsbedürfnisse in wenigen kapitalistischen Staaten, die ihre Produktionsüberschüsse gar nicht verwerten können, und zum anderen durch echte Nahrungsdefizite vor allem in den Entwicklungsländern. Der als zwingend notwendig erachtete Einsatz von Agrochemikalien kann aber zu ungewollten Nebenwirkungen im Sinne eines negativen Einflusses auf die Umwelt führen. Einige Möglichkeiten, die der sozialistischen Produktionsweise zur Verfügung stehen, diese Effekte nach ihrem Erkennen sukzessive zurückzudrängen, sollen im folgenden dargelegt werden.

Die Agrochemikalien haben gegenüber den die Umwelt belastenden Abprodukten der Stoffwirtschaft und der Energiegewinnung eine Besonderheit: sie gelangen fast durchweg *gezielt* in die Biosphäre. Zwar gilt dies auch für die Produkte einiger anderer Industriezweige, wie z. B. der Pharmazie, deren Sortiment auch breiter und deren Metabolismus z. B. im Organismus von Warmblütlern besser bekannt ist. Die chemischen Hilfsmittel der landwirtschaftlichen Produktion beanspruchen das Interesse verschiedener Zweige der Ökologie vor allem durch die großen Mengen, in denen sie kontinuierlich eingesetzt werden. Dies trifft hauptsächlich für die anorganischen und organischen Verbindungen und Produkte zu, die der Pflanzenernährung zugedacht sind.

Wenn man als Maß für die Wasserverschmutzung den biochemischen Sauerstoffbedarf (BSB), also die für den biologischen Abbau durch Oxydation benötigte Sauerstoffmenge in mg/l benützt und zum Vergleich verschiedenartiger Abwässer als Bezugsgröße den Einwohnergleichwert (EGW) heranzieht, der dem BSB_5, also dem fünftägigen biochemischen O_2-Bedarf der auf einen Einwohner entfallenden täglichen Abwassermenge entspricht, der für die DDR im Mittel bei 54 g liegt, so ergibt sich als potentielle Abwasserlast der Hauptverschmutzer das folgende Bild:

Landwirtschaft	36,3 Mio EGW
Industrie	27,6 Mio EGW
Bevölkerung	17,0 Mio EGW

Den größten Teil dieser Abwässer bestreiten die organischen Flüssigdünger wie Jauche und Gülle, ferner Silosickerstoff, Abwässer aus Molkereien, Zuckerfabriken, Schlachthöfen, Fischverarbeitungsbetrieben sowie Kartoffeldämpfwasser, die über Oberflächenauswaschungen vor allem nach heftigen Niederschlägen, über das Grundwasser sowie teilweise durch direktes Einleiten in stehende und fließende Gewässer gelangen. Hierbei ist noch zu berücksichtigen, daß z. B. Milchhausabwässer Reinigungs- und Desinfektionsmittel enthalten und Silosickersäfte durch einen hohen Mangan- und Eisengehalt gekennzeichnet sind. Letztere sind darüber hinaus geruchlich und geschmacklich im Wasser noch bei einem Verdünnungsverhältnis von 1 : 10 000 wahrnehmbar.

Kramer und Mitarbeiter (1972) zeigen eine Reihe von Wegen auf, die zu einer Verminderung landwirtschaftlich bedingter Gewässerverunreinigungen führen sollen. So wird zunächst die sachgemäße Lagerung, der Transport und die Ausbringung von Dünger, wie sie der Standard TGL 24 345 „Gewässerschutz, Schutz der Gewässer beim Umgang mit organischen und mineralischen Düngern“ gebietet, angeführt, bei dessen Einhaltung „keine negative Gewässerbeeinflussung zu erwarten“ ist. Dem Konzentrationsprozeß sowohl in der pflanzlichen, wie auch in der tierischen Produktion werden aus der Sicht des Gewässerschutzes gleichfalls günstige Vorbedingungen zugebilligt — hauptsächlich wegen der besseren Kontrollmöglichkeiten, „obgleich sich bei unvorschriftsmäßiger Betriebsweise die Gefahr einer massierten Nährstoffbelastung der Gewässer vervielfacht". Die Möglichkeit einer Reduzierung von Nährstoffabspülungen, vor allem von Phosphaten in Hang- und Mittelgebirgslagen ergibt sich durch Neuordnung der Fluren, Umgestaltung der Nutzungsarten, Verbauung von Erosionsrinnen, Anlage und Unterhaltung von Wiesenschutzstreifen sowie von Wällen, Rainen, Hecken, Sicherheitsstreifen usw. an den Gewässern.

Eine besondere Gefahr — die gegenwärtig weitaus schwieriger steuerbar ist — stellt der indirekte Nährstoffeintrag durch Auswaschung aus landwirtschaftlich genutzten Böden in das Grundwasser bzw. mit dem Grundwasserstrom in Oberflächengewässer dar. Dies gilt vor allem für den Stickstoff in Form des Nitrations. In der DDR ist vom Ministerium für Gesundheitswesen eine maximal zulässige Grenzkonzentrationen von 40 mg NO_3' für Trinkwasser festgesetzt worden (Kramer u. Mitarb. 1972), die offenbar als ausreichend zur Verhinderung z. B. von Methämoglobinanämien bei Säuglingen betrachtet wird. Von eventuellen Gegenmaßnahmen zur Verhinderung des Überganges vor allem von Nitrat in das Grundwasser wären für die Zukunft der Einsatz von Nitrifikationshemmern, für die Gegenwart aber die Einhaltung pflanzenphysiologisch optimaler Düngungszeitpunkte zu nennen.

Kompliziert gestaltet sich die Verhinderung des Abflusses von Silosickersaft in das Grundwasser. Beim Silieren von Mais und Rübenblatt fallen je Tonne Grüngut etwa 150 l Sickersaft an, der den Stapel möglichst rasch verlassen soll, um den Gärprozeß nicht zu stören. Dies erfolgt z. B. bei unbefestigten Erdsilos vollständig in tiefere Bodenschichten. Es ist daher in jedem Falle dafür Sorge zu tragen, daß die vorgesehenen Standorte den Organen der Gewässeraufsicht zur Begutachtung und Genehmigung vorgestellt werden. Allerdings sind auch diese — zu den umweltgefährlichsten zählenden — Grundwasserkontaminanten durch geeignete Vorkehrungen zu reduzieren und zu vermeiden, wie dies z. B. durch die Produktion von „Anwelksilage" erreicht wird, bei der Grüngut mit $> 30\%$ Trockensubstanz als Ausgangsmaterial dient. Hierbei wird der Abfluß des Sickersaftes nahezu vollständig vermieden. Weiterhin ist die Installierung moderner Gärfutteranlagen, bei denen die flüssigen Abprodukte mechanisch entfernt werden, sukzessive auszubauen.

Demgegenüber spielen die Pflanzenschutz- und Schädlingsbekämpfungsmittel als Gewässerkontaminanten im Sinne einer Umweltbelastung gegenwärtig noch eine vergleichsweise geringe Rolle. Dies wird deutlich durch eine Betrachtung der Ursachen für Fischsterben in der DDR in den Jahren 1961—1968:

Selbst wenn man berücksichtigt, daß die Zahl der nicht registrierten Vergiftungen hoch sein dürfte, sind die vorliegenden Relationen deutlich. Beeindruckend ist der Anstieg der Vergiftungen infolge vor allem durch Eutrophie-

Tabelle 2
Überblick der Ursachen für akutes Fischsterben in der DDR 1961—1968, entnommen aus der Deutschen Fischerei-Zeitung

Ursachen	1961	1962	1963	1964	1965	1966	1967	1968
insgesamt DDR	88	107	162	125	116	133	166	139
Abwassergifte	26	26	21	30	22	19	37	17
Sauerstoffmangel	48	45	94	55	66	85	96	97
Naturereignisse	4	6	6	17	14	5	9	9
Pflanzenschutz-mittel	2	6	9	3	5	10	7	2
ungeklärt	8	24	32	20	16	14	17	14

rung bedingten Sauerstoffmangels, der seit 1965 kontinuierlich zunimmt und 1968 nahezu $^3/_4$ aller registrierten Fälle ausmacht. Als Ursache für die Pflanzenschutzmittel-Vergiftungen können durchweg Fahrlässigkeiten genannt werden.

Ein breites Feld der Möglichkeiten eines aktiven Gewässerschutzes bietet sich in der Kultivierung bestimmter amphibischer Pflanzen. So liegen bereits Praxisergebnisse vor, über die Fähigkeit einiger höherer Pflanzen — vor allem der Flechtbinse (Scirpus lacustis) —, dem belasteten Wasser Närhstoffe zu entziehen, Sauerstoff in größerem Maße zu produzieren und auf diese Weise Mikro- und Makroschadpflanzen zu reduzieren. Zimmermann (1973) berichtet über Beobachtungen an einem etwa 1,3 ha großen Standweiher, an dessen Einlauf in etwa 20 cm tiefem Wasser 1970 ungefähr 300 und 1971 nochmals etwa 1500 Binsenpflanzen gesetzt wurden. Der Wasserzulauf mußte die Anpflanzung — die durch Bisamratten und Hochwasser partiell geschädigt wurde — passieren. Die drei Jahre lang durchgeführten chemischen und bakteriologischen Untersuchungen zeigten im Mittel der drei Versuchsjahre zwar starke Schwankungen, insgesamt aber einen Rückgang der Nitrate um 80%, der Phosphate um 70%, einen Anstieg des Kaliumpermanganatverbrauchs um 100% und eine erhebliche Verbesserung des Colititers. Eine Praxis-Anwendung zur Verminderung der Eutrophierung von Gewässern könnte auf diese Weise auch in kleinen Gemeinden ohne Kläranlagen erfolgen, indem die Abwässer durch flache, mit Binsen bepflanzte Gräben geleitet werden. Die Meeresstrandbinse Juncus maritimus Lamarc ist nach Laboruntersuchungen von Seidel (1973) befähigt, mikrobielle Verunreinigungen — z. B. Escherichia coli — wie auch Schadstoffe aus industriellen, landwirtschaftlichen u. a. Abwässern zu eliminieren. So wurden z. B. 3 mg

Pentachlorphenol/l, das zur Bekämpfung von Hygieneschädlingen direkt in Gewässer eingetragen wird bzw. als industrielles Abfallprodukt in diese gelangt, von 100 g Biomasse im Durchlaufverfahren innerhalb von 24 Stunden mineralisiert. Allgemein gewinnen höhere Pflanzen und ihre Rhizosphärengesellschaft zur Gewässerreinhaltung von Schadstoffen (auch Detergentien spielen hier eine große Rolle) zunehmendes Interesse (Tittnizer 1973).

Durch die Konzentration des Anbaus und die Spezialisierung innerhalb der pflanzlichen Produktion nimmt der Umfang des Personenkreises, der mit der Ausbringung von Pflanzenschutzmitteln betraut ist, stetig ab. Hierdurch wird die Qualifizierung und die Kontrolle durch den staatlichen Pflanzenschutzdienst wesentlich erleichtert, was sich auf die Dauer gesehen im Sinne einer umweltbewußteren Anwendung der Präparate auswirken muß. Zum anderen führt die Bildung der Pflanzenschutzbrigaden in den agrochemischen Zentren (ACZ) und den kooperativen Abteilungen Pflanzenproduktion zu neuen Problemen. Innerhalb der ACZ werden auch Waschstützpunkte gebildet, in denen der Maschinenpark einschließlich der Pflanzenschutzmaschinen gepflegt werden soll. Hierbei können bei zweischichtiger Auslastung Waschwasservolumina von 100 m^3 und mehr täglich anfallen, über deren Beseitigung gegenwärtig noch keine klaren Vorstellungen bestehen. Die Reinigung, Entgiftung und nach Möglichkeit Nutzbarmachung dieser Wassermengen stellt einen Forschungsschwerpunkt dar, über den gegenwärtig weltweit, insbesondere aber in den RGW-Staaten gearbeitet wird.

Eine Kontamination des Grundwassers, auch des oberflächennahen Grundwasserspiegels mit Pflanzenschutzmitteln kann für den Normalfall ausgeschlossen werden. Uns sind — sowohl aus eigener Beobachtung wie aus dem Schrifttum — nur sehr wenige Fälle von Havarien oder extremen Bedingungen bekannt geworden, wo es zu wahrnehmbaren Belastungen des Grundwassers kam. Dies war z. B. im Erzgebirge der Fall, wo kurze Zeit nach einer Behandlung mit DNOC zur Kartoffelkrautabtötung ein intensiver Niederschlag die wasserlösliche Verbindung durch die dünne Bodenschicht in die darunter gelegene Schieferzone wusch. Dort wurde der Wirkstoff in einen etwa 300 m entfernt gelegenen Brunnen transportiert, in dem das Wasser eine deutliche Gelbfärbung annahm, die etwa drei Wochen lang anhielt und das Wasser ungenießbar machte. Ähnliche Beobachtungen wurden mit dem Herbizid MCPA in Getreidekulturen gemacht, als Chargen eines besonders stark mit Phenolen und Kresolen verunreinigten Präparates nach wolkenbruchartigen Niederschlägen über Quellen und offenbar auch über das Grundwasser in das Trinkwasser gelangten und in diesem mehrere Tage lang organoleptisch nachweisbar waren.

Wenn auch die Kontaminationsgrade stehender und fließender Binnengewässer mit herkömmlichen Pflanzenschutz- und Schädlingsbekämpfungsmitteln im allgemeinen keine Werte erreichen, die geeignet wären, akute Intoxikationen an Wasserlebewesen hervorzurufen, so werden in vielen Fällen doch die tolerierbaren Konzentrationen für Trinkwasser überschritten. Eindeutige Hauptursache für diese Erscheinung — die vor allem in den Nordbezirken der DDR häufig beobachtet wird — sind Abdriften, die von aviochemischen Behandlungen stammen. So fand WOLTER (1972) bei Untersuchungen im Inselsee Güstrow in der Zeit zwischen dem 22. 5. und 9. 6. 1971 Werte von 0,05 bis 0,08 mg DDT/l Wasser und im Medeweger See bei Schwerin Mitte Mai 1971 Maxima von 0,5 mg DDT/l und 0,1 mg Lindan/l Wasser. Das Reinwasser der Stadt Schwerin erreichte zu dieser Zeit kurzfristig Werte von 0,08—0,2 mg DDT/l und 0,05 mg Lindan/l. In der Anordnung über Rückstände von Pflanzenschutz- und Schädlingsbekämpfungsmitteln in Lebensmitteln vom 28. 6. 1971 (o. V. 1971) ist zwar Trinkwasser nicht direkt erwähnt, jedoch wird von der Wasserhygiene aus dieser Anordnung abgeleitet, daß für Trinkwasser durchweg die Nulltoleranz zu fordern ist. Da für die Nulltoleranz entsprechend den Toxizitätsgruppen Höchstwerte vorgeschrieben sind, müßte für Trinkwasser als oberste duldbare Menge 0,02 ppm sowohl für DDT als auch für Lindan angesetzt werden. Die von WOLTER beobachteten, teilweise erheblichen Überschreitungen dieser Werte wurden kurze Zeit nach Rapsbehandlungen im Flugzeugeinsatz gemacht. Sie gaben dem staatlichen Pflanzenschutzdienst Veranlassung, die Ursachen zu ermitteln und Gegenmaßnahmen zu ergreifen. Dies erfolgte gemeinsam durch das Pflanzenschutzamt und das Institut für Veterinärwesen beim Rat für Landwirtschaftliche Produktion und Nahrungsgüterwirtschaft des Bezirkes Schwerin. Als Ausgangssituation muß berücksichtigt werden, daß aus klimatischen Gründen der Rapsanbau der DDR in den letzten Jahren in zunehmendem Maße auf die Nordbezirke konzentriert wird, die reich an Seen, Teichen, Söllen und Fließgewässern sind. Die chemischen Pflanzenschutzmaßnahmen an dieser Kultur werden fast durchweg im Flugzeugeinsatz vorgenommen, der allgemein nur bei Windgeschwindigkeiten von < 4 m/s durchgeführt werden darf. Diese Forderung ist in den Nordbezirken schwer erfüllbar und bietet zudem auch keine ausreichende Sicherheit vor Abdriften, da sich die Sprühwolken bei geeigneter Thermik oft über längere Zeit oberhalb der behandelten Fläche aufhalten und dann von Windböen mitgenommen werden können. Sehr deutlich wird das in der Abbildung 1 unterstrichen, in der wir nachweisen konnten, daß bei der geringen Windgeschwindigkeit von 0,4 m/s trotz der höheren Aufwandmenge von 8 l eines DDT enthaltenden Aero-Sprühmittels/ha die Rückstände in der Nähe des gezielt behandelten Rapsfeldes zwar niedriger waren, als die bei 2,9 m/s und 5 l/ha registrierten Werte, daß aber die Unterschiede in 600 m Entfernung praktisch aufgehoben wurden [Abb. 2].

Im Fachbereichstandard „Flugzeugeinsatz in der Landwirtschaft“ (o. V. 1970) sind einige Forderungen enthalten, die geeignet sind, ungewollte Mitbehandlungen durch Abdriften einzuengen. So wird gefordert, daß der „Auftraggeber

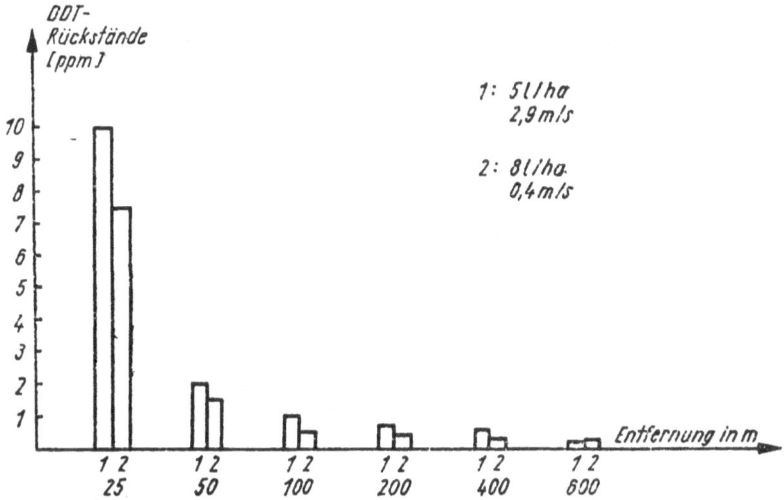

Abb. 2

Beginn und Ende des Agrarflugeinsatzes ortsüblich bekanntzugeben“ habe und daß Arbeitsflugkarten im Maßstab 1 : 25 000 bis 1 : 100 000 anzufertigen sind, in denen die durch Abdrift gefährdeten Nachbarflächen schwarz und Trinkwassereinzugsgebiete sowie Gewässer gelb zu markieren sind. Diese Forderungen werden ergänzt durch das Merkblatt Nr. 24 der Biologischen Zentralanstalt Kleinmachnow „Karenzzeiten und Anwendungsbegrenzungen für Pflanzenschutzmittel zur Vermeidung von unerwünschten Rückständen am Erntegut behandelter Pflanzen“ (Heinisch und Angermann 1968), in welchem die Benachrichtigung aller Rechtsträger abdriftgefährdeter Flächen, zu denen ja auch Gewässer gehören, zur Pflicht gemacht wird. In der Praxis haben diese Auflagen bisher nur wenig Erfolg gezeitigt (Heinisch u. Mitarb. 1971). Lembcke und Haselein (1972) beschreiben folgende Aktionen, die im Bezirk Schwerin festgelegt wurden bzw. für die Folgejahre geplant sind und die ein Beispiel für Eigeninitiative darstellen:

— genaue Abstimmung zwischen den kooperierenden LPG, VEG, ACZ und den Piloten über die Verwendung der Präparate in Gewässernähe, mit dem Ziel, dort das fischgiftige Toxaphen sowie die persistenten DDT und Lindan durch das mindertoxische und wenig beständige Butonat zu ersetzen

— operative Einsatzgestaltung der Flugzeuge in Abhängigkeit von der Windgeschwindigkeit und vor allem der Windrichtung
— Bildung einer Arbeitsgruppe beim Rat des Bezirkes, der alle verantwortlichen Fachgremien angehören und die alle Kalamitätsschwerpunkte festlegt, für die Sondermaßnahmen zu treffen sind
— Empfehlung an die landwirtschaftlichen Betriebe, den Rapsanbau in bestimmten, hierfür besonders geeigneten Arealen weiter zu konzentrieren und so durch die Vergrößerung der Flächen die Abdriftgefahr weiter herabzusetzen.

Eine endgültige Lösung dieses Problems ist jedoch erst durch die Entwicklung von aviochemischen Präparaten zu erreichen, deren Tropfengröße bei 150—300 µm Durchmesser liegt (z. Z. liegen die entsprechenden Werte bei 50—150 µm), bzw. durch die Herstellung abriebfester Mikrogranulate, bei denen nur geringe Abdrifttendenz vorliegt.

Großes Interesse wird der Kontamination der Meere mit persistenten Chlorkohlenwasserstoffinsektiziden zugebilligt, was seinen Niederschlag findet in einer Flut von Publikationen über die biologische Kettenverstärkung, das Auftreten von DDT in Eis und Schnee der Antarktis sowie in Lebewesen, die dort, fernab von jeder Zivilisation und allen gezielten Maßnahmen der Agrochemie leben, die Beeinflussung der Assimilationsfähigkeit verschiedener Algen durch diese Verbindungen u. a. m. Zweifellos sind diese Probleme nach wie vor aktuell, und DDT wird noch lange Jahre nach seiner Produktionseinstellung in zahlreichen Meeresorganismen und in Vertretern der Avifauna, denen diese als Nahrung dienen, nachweisbar sein. Unbehagen und auch Unverständnis herrscht vor allem bei den Ornithologen und Naturschützern über den Populationsrückgang zahlreicher carnivorer Vögel, der auf die physiologische Wirkung von Chlorkohlenwasserstoffinsektiziden zurückgeführt wird. In der zusammenfassenden Arbeit von Rutschke (1972) wird die Hypothese zitiert, nach der in Vögeln gespeicherte Chlorkohlenwasserstoffe in den Hormonstoffwechsel eingreifen, wobei vor allem das Parathormon und Östradiol angegriffen werden, was zu einer Beeinflussung des an der Kalzifikation beteiligten Enzymmusters und letztlich zu einem Rückgang der Eischalendicke führt. Derartige negative Abweichungen um 18—26% haben deutliche Populationsabnahmen zur Folge. Von den von Wasserbewohnern primär oder sekundär sich ernährenden Vögeln, die Populationsdepressionen erleiden, werden von Rutschke die folgenden Arten genannt: Silbermöwe, Seeadler, Kormoran, Wanderfalke, Brandseeschwalbe, Weißkopfseeadler u. a. m.

Nicht selten werden jedoch Pflanzenschutzmittel in ungerechtfertigter Weise für Populationsrückgänge bei Greifvögeln verantwortlich gemacht. So konnte Rogers (1972) nachweisen, daß in den USA der Bestandsrückgang verschiedener Adlerarten schon Jahrzehnte vor dem Einsatz moderner Insektizide registriert wurde. Als Ursachen wurden andere Überzivilisationserscheinungen wie Ruhestörung, ungehemmter Abschuß Tausender von Greifvögeln, vor allem zum Schutz des Niederwildes, und das Sammeln von Eiern genannt, die — wie der Autor meint — weitaus größeren Schaden angerichtet haben als die Pestizide.

In nicht wenigen Fällen wurde lange Zeit durch einen Irrtum in der Analysenmethode das DDT mit polychlorierten Biphenylen (Aroclor), Abprodukten verschiedener Kunststoffindustrien, verwechselt, da diese Stoffe sich unter bestimmten Bedingungen im Gaschromatogramm dem DDT als sehr ähnlich erweisen. Sanders und Chandler untersuchten 1972 die Akkumulationsrate von Aroclor in verschiedenen Wasserwirbellosen und konnten nachweisen, daß bei Konzentrationen von 1—3 ppb dieser Verbindung in Daphnia magna, Culex tarsalis, Gammerus pseudolimneus u. a. bis zu 48 000mal mehr polychlorierte Biphenyle als im umgebenden Milieu vorhanden waren. Diese Akkumulationsraten liegen weit über denen des DDT. Nach Lincer und Peakall (1970) haben polychlorierte Biphenyle die gleiche Wirkung auf den Vogelorganismus wie chlorierte Kohlenwasserstoffe, was u. a. an Falken nachgewiesen wird. Dem vom Aussterben bedrohten Seeadlerbestand dadurch aufzuhelfen, daß man giftfreie Nahrung (Schlachthausabfälle) in entsprechender Entfernung der Horste auslegt, wäre bei diesem Vogel, der gern Aas annimmt, zum mindesten einen Versuch wert. Übrigens zeigen andere fischfressende Vogelarten (z. B. Fischreiher, Haubentaucher) bei gleichen Kontaminationsgraden normale Fortpflanzungsraten.

Bei eigenen Untersuchungen von zahlreichen industriell gefertigten Futtermitteln und deren Einzelbestandteilen konnten wir an Fischmehl der verschiedensten Herkunftsländer nur überraschend geringe DDT-Werte nachweisen. Insgesamt wurden etwa 150 Fischmehlproben untersucht, von denen etwa die Hälfte DDT-Werte unterhalb der Empfindlichkeitsgrenze von 0,005 mg/kg aufwiesen. Der Durchschnitt aller Proben lag bei 0,2 mg/kg, die Maxima bei 1,0 mg/kg (Herkunftsländer: Norwegen und Peru). Diese Ergebnisse bedürfen zumindest einer Ergänzung, da sie im Vergleich mit dem internationalen Schrifttum erstaunlich niedrig liegen. Der Dorsch (Gadus morrhua) steht in der Nahrungskette relativ weit oben. Akkumulationseffekte vor allem in der fettreichen Dorschleber sind also sehr wahrscheinlich. Stenersen (1972) analysierte die Dorschleber aus Tieren zweier verschiedener norwegischer Fjorde. Bei den Proben aus dem Sogne-Fjord, der von einem Gebiet mit intensivem Obstbau und damit verbundenem DDT-Einsatz umgeben ist, lagen die Durchschnittswerte an Gesamt-DDT in der Dorschleber bei etwa 10 ppm (Minimum : 2 ppm, Maximum : 33 ppm). Für den Dals-Fjord, in dessen Umgebung keine landwirtschaftliche oder gärtnerische Produktion betrieben wird, lagen die entsprechenden Zahlen bei 1,3 (Durchschnitt), 0,6 (Minimum) und 2,15 (Maximum).

In einer gemeinsamen Arbeit des Zentralinstituts für Ernährung der AdW in Postdam-Rehbrücke und des Bezirks-Hygiene-Instituts Berlin wurden zahlreiche Fischarten (z. B. Plötze, Zander, Aal) aus der Havel, Spree und Dosse auf ihren Gehalt an Chlorkohlenwasserstoffen und Quecksilber untersucht (Engst und Raffke 1973). Hierbei konnte festgestellt werden, daß in fettreichen Fischarten, vor allem in Aal, DDT-Mengen bis etwa zur Toleranzgrenze akkumuliert waren, während bei den anderen Fischen Chlorkohlenwasserstoffe weit unterhalb der tolerierten Werte gefunden wurden. Teilweise etwas höhere Werte fanden Baron und Mitarb. (1967) bei Barsch, Hecht und Karpfen aus verschiedenen Stellen des Balaton, der Donau und Fischteichen in Ungarn. Hier waren es die Hechte aus dem Plattensee, die mit Gesamt-DDT-Werten bis zu 1,5 ppm und Maxima von 0,4 ppm Lindan am meisten kontaminiert waren. Eine Analyse von Muskelfleisch (0,5 ppm Gesamt-DDT), Leber (2,7), Rogen (0,5) und Fett (7,1) der Hechte zeigte die erwartet hohen Werte für Fett und Leber. Einschränkend sei aber bemerkt, daß die Untersuchungen 1966 durchgeführt wurden, als das DDT noch in hohen Mengen eingesetzt wurde.

Über den Eintrag von Quecksilber in die Meere wurde eine Vielzahl von Arbeiten, darunter ganze Monographien publiziert. Erstaunlicherweise werden mit der Hg-Kontamination fast durchweg Hg-haltige Pflanzenschutzmittel in Verbindung gebracht. Hierzu ist anzumerken, daß in den meisten Ländern (so auch in der DDR) Hg-enthaltende Pflanzenschutzmittel nur zur Saatgutbeizung eingesetzt werden und diese Präparate ausnahmslos den sehr geringen Hg-Gehalt von 0,8—2,5% haben. Drees (1972) nennt für die BRD einen jährlichen Eintrag von etwa 45 t Quecksilber in die Abwässer. Zur Herstellung von Beizmitteln werden gegenwärtig in der BRD 26 t Hg benötigt. Sehr deutlich wird diese Tendenz von Tenovuvo (1973) bestätigt, der die höchsten Quecksilber-Kontaminationen bei Hecht und Barsch (etwa 1 ppm) in Finnland in zwei Binnenseen und an den Mündungen von Flüssen nachwies, an denen Betriebe der Holzveredlungsindustrie stationiert waren, die wiederum in großen Mengen quecksilberenthaltende Verbindungen verwenden.

Insgesamt kann eingeschätzt werden, daß die gegenwärtigen nationalen und internationalen Normative zum Schutze der Gewässer noch nicht befriedigen und einer einheitlichen Koordinierung bedürfen. Klarheit besteht in der DDR über den Einsatz von Agrochemikalien in den Wasserschutzzonen. In der Fassungszone (Zone I) ist der Einsatz von Agrochemikalien untersagt, unabhängig von ihren chemischen, physikalischen und toxischen Eigenschaften. In der engeren Schutzzone (Zone II) ist der Einsatz von Flugzeugen (Starrflügler und Hubschrauber) zur Applikation von Pflanzenschutzmitteln und Mineraldüngern verboten, während die Ausbringung von Pflanzenschutzmitteln mit Bodengeräten der Genehmigung der Kreishygieneinspektion bedarf. Alle agrochemischen Anwendungen in der weiteren Schutzzone (Zone III) sind der Kreishygieneinspektion zu melden. Die Lagerung und Vernichtung von Pflanzenschutzmitteln ist in allen Schutzzonen nicht gestattet.

Auch die direkt und absichtlich in Gewässern und Gewässernähe eingesetzten Herbizide (Grabenentkrautung, Uferböschungsbehandlung) und Insektizide (Allgemeine Hygiene und Seuchenhygiene) werden in der DDR vor ihrer Zulassung über Persistenz, Abbau und Fischtoxizität eingehend geprüft. Jedoch kann nicht ausgeschlossen werden, daß die abgestorbenen Pflanzen durch ihren Fäulnisprozeß den Sauerstoffgehalt herabsetzen und so zur Eutrophierung beitragen.

Während der gezielte Eintrag von Herbiziden in Gewässer keine größeren toxikologischen Probleme hervorruft, kann ähnliches für den Einsatz von Insektiziden und Molluskiziden zur Hygiene-Behandlung oder zur Seuchenbekämpfung nicht gesagt werden. Vor allem in tropischen Gebieten wird man auf die Verwendung von DDT zur Bekämpfung der Vektoren von Malaria, Gelbfieber, Beulenpest u. a. m., die teilweise wieder zunehmende Tendenz zeigen, nicht verzichten können, da mögliche Alternativpräparate — vor allem Phosphororganika — unter den dort herrschenden hohen Temperaturen und Luftfeuchtigkeiten zu unbeständig sind.

Eine neue Prinziplösung innerhalb der Bekämpfung von Seuchenüberträgern stellt der von Oktjabrskaja u. Siskov (1972) praktizierte Einsatz von Herbiziden zur Vernichtung des Pflanzenbewuchses in Stechmückenbrutgewässern dar. Diese indirekte Bekämpfungsmaßnahme dient der Beseitigung der Brutmöglichkeiten der Seuchenvektoren. Sie kann z. B. mit Suspensionen des toxikologisch wenig bedeutsamen Herbizids Simazin durch Applikationen von Stäuben und auch Suspensionen erfolgen. Nach Schätzungen der WHO leiden in der Welt an der Bilharziose (Schistosomiasis), der nach der Malaria am weitesten verbreiteten Krankheit der Tropen und Subtropen, über 200 Mill. Menschen. Erstmals wurde 1971 in der VAR durch eine Großaktion in der Senke von El Faiyum, die von 1,2 Mill. Menschen bewohnt wird, der Zwischenwirt, aquatische Schnecken, z. B. Bulinus truncatus und Biomphalaria alexandrina, der Bilharzioseerreger, erfolgreich mit Hilfe der phosphororganischen Verbindung Bayluscid ausgerottet. Nach diesem Erfolg will die Regierung der VAR die Sanierung auf alle Wasserläufe des Landes ausdehnen (o. V. 1972).

Die Festsetzung klarer und fachlich begründeter Toleranzwerte für Biozide in Wasser wäre dringend erforderlich. Hier machen Golubjew und Subbotin (1968) für die UdSSR einen interessanten Vorschlag, der darauf basiert, daß die zur Ermittlung der MAK-Werte erfolgten umfangreichen toxikologischen Untersuchungen durchaus auch für die Toleranzfestsetzung in Trinkwasser herangezogen werden können, wenn man die folgende Umrechnungsformel benutzt:

$$\log \text{Toleranz Wasser} = 0{,}61 \cdot \log \text{MAK} - 0{,}1$$

Der MAK-Wert wird in mg/m³ und die Toleranz für Wasser in mg/l angegeben.

Die Erzeugung pflanzlichen Erntegutes für Nahrung und Ernährung ist an das Hauptproduktionsmittel *Boden* gebunden. Der gesunde Boden stellt ein lebenerfülltes, mehr oder weniger lockeres Mehrphasensystem dar. Die mineralischen Bestandteile können chemisch und physikalisch-chemisch charakterisiert werden. Der humifizierte Anteil der organischen Substanz wird in Grau- und Braunhuminsäuren, Hymatomelan- und Fulvosäuren eingeteilt, die sich vorwiegend durch ihr Molekulargewicht und ihre Löslichkeit in Wasser unterscheiden und monomeruneinheitliche Polymere darstellen. Diese sind je nach ihrem Gehalt an funktionellen Gruppen (Hydroxyl-, Carboxyl- und Aminogruppen) unterschiedlich gute Reaktionspartner für verschiedene Verbindungen, die gezielt oder unbeabsichtigt in den Boden gelangen.

Für alle chemischen und physikalisch-chemischen Ab- und Umbauprozesse stellt der Boden einen idealen Reaktionskessel dar, in dem Metallionen und kolloidale Oberflächen für Katalysen, in den oberen Schichten Strahlungsenergie für photochemische Reaktionen, Wasser für Hydrolysen und Sauerstoff für oxydative Prozesse vorhanden sind. Eine besondere Rolle kommt der Bodenmikroflora zu, die nach dem Eintrag von Agrochemikalien mit diesen in Wechselwirkung tritt. Agrochemikalien und organische Nährstoffe können, wenn sie gezielt oder unbeabsichtigt auf oder in den Boden gelangen, die folgenden — für die Umweltbeeinflussung wichtigsten — Wirkungen erfahren oder auslösen:

1. Pflanzenschutzmittel, Herbizide oder Wachstumsregulatoren entfalten ihre biozide Wirksamkeit, vernichten pflanzliche oder tierische Schaderreger oder Konkurrenten der Kulturpflanzen bzw. sie beeinflussen deren Vegetationsprozeß in der von dem Anwender gewünschten Weise und werden hierauf nach mehr oder weniger kurzen Zeitspannen (1 Stunde z. B. für Mevinphos, 10 bis 15 Jahre z. B. für das DDT) mineralisiert. Die Tabelle gibt einen Überblick der durchschnittlichen Persistenzwerte einiger ausgewählter Pflanzenschutzmittel im Boden.

2. Die Pflanzennährstoffe, bioziden Wirkstoffe oder deren Ab- und Umbauprodukte werden von den Kulturpflanzen oder deren Konkurrenten aufgenommen, entfalten die beabsichtigte Wirkung (Pflanzenernährung, Unkrautbekämpfung), verursachen nichtgewollte Effekte (z. B. Aufnahme persistenter Insektizide durch Folgekulturen und somit „nicht beabsichtigte Mitbehandlung", phytotoxische Wirkungen persistenter Herbizide auf Folgekulturen, Veränderungen

Tabelle 3
Durchschnittliche Persistenzwerte einiger ausgewählter Pflanzenschutzmittel im Boden

Zeitspannen	Wirkstoffe
2— 4 Monate	Linuron, Fenuron, MCPA, Parathion, Proximpham, Granulate mit P-organischen Wirkstoffen, 2,4-D, DNOC
4— 6 Monate	Prometryn, Trifluralin, TCA, Chlorate, Granulate mit P-organischen Wirkstoffen
6— 8 Monate	Diuron, 2.4.5-T, Diphenamid, Methoxychlor, PCNB
10—12 Monate	Atrazin, Monouron, TBA
1— 3 Jahre	Picloram, Simazin, Propazin, Toxaphen, Lindan
> 3 Jahre	DDT, chlororganische Insektizide der Dien-Gruppe

der Inhaltsstoffe von Kulturpflanzen im positiven wie im negativen Sinne durch Pflanzennährstoffe und Herbizide wie Nitrat- und Nitritakkumulation in bestimmten Pflanzen und Bildung toxischer Inhaltsstoffe u. a. m.) und gehen auf diese Weise ganz oder teilweise, gezielt oder unbeabsichtigt aus dem Boden in die Pflanzendecke über.

Vor allen angeführten Rückstandsproblemen, die allgemein bereits zu übersehen sind (ohne daß der Anspruch erhoben würde, sie seien gelöst), muß den Veränderungen innerhalb der Pflanzeninhaltsstoffe besondere Aufmerksamkeit zugebilligt werden. Im internationalen Schrifttum ist die durch Agrochemikalien bedingte Bildung neuer Naturprodukte mit relevant toxischen Eigenschaften (z. B. Nitrosamine) bisher nur wenig erwähnt. Kohout (1971) berichtet in einer zusammenfassenden Arbeit über den Einfluß von Wuchsstoffherbizid-Behandlungen auf den Gehalt an Aminosäuren in Getreide über einen erhöhten Stickstoffgehalt in Körnern, Stroh und Wurzeln vor allem nach Gaben von 2,4-D. Durch die ständig steigenden Düngergaben, und den wachsenden Stickstoffaufwand tritt in den letzten Jahren ein neues toxikologisch gravierendes Problem in den Vordergrund. Es handelt sich dabei um die Akkumulation von Nitrat und Nitrit in bestimmten Pflanzen vor allem in Futterpflanzen. Laue (1972) billigt den Nitrat-Nitritverbindungen die größte Bedeutung innerhalb des Vergiftungsgeschehens bei landwirtschaftlichen Nutztieren zu. Im Jahre 1970 standen in der DDR z. B. Nitrat-Nitritionen mit 29% aller gemeldeten Vergiftungsfälle und mit mehr als einem Viertel aller Totalverluste zu Buche. Als Schadensursache wird fast durchweg die Aufnahme bestimmter Futterpflanzen vor allem Feldfutter wie z. B. Grünsenf, Grünhafer, Markstammkohl, Sonnenblumen, Futterrüben und verschiedentlich auch Silage genannt. Schulz u. Kirchner (1972) analysierten einige derartige Vergiftungsfälle. Sie konnten als Todesursache für ein Massensterben von Rindern die Verfütterung von 25 kg gehäckseltem Grünsenf je Tier feststellen. Die Untersuchung dieses Futtermittels ergab, bezogen auf die Trockenmasse, einen Nitratgehalt von 44 360 ppm. In einem anderen Praxisfall, der gleichfalls zum Verenden mehrerer Kühe führte, die Grünsenf erhielten, zeigte die Analyse des Futters einen Nitratgehalt von 63 220 ppm bezogen auf die Trockenmasse. Aber auch aus derartigen Rohstoffen hergestelltes industrielles Futter kann zu Intoxikationen führen. So erkrankten in einer humanmedizinischen Einrichtung plötzlich über 60 Versuchskaninchen, die ausschließlich Grünfutterpellets als Nahrung erhielten. Der Nitratgehalt dieses Futters lag im Durchschnitt bei 1400 bis 1600 ppm bezogen auf die Trockenmasse.

3. Die Pflanzennährstoffe, bioziden Wirkstoffe oder deren Ab- und Umbauprodukte verhalten sich gegenüber pflanzlichen und tierischen Mikroorganismen, die für einen wesentlichen Teil der Bodenfruchtbarkeit verantwortlich sind, entweder

— neutral, wie der größte Teil der Insektizidpalette,
— sie sind in der Lage, ihr Wachstum bzw. ihre Menge zu stimulieren, wie die Pflanzennährstoffe, oder
— sie zu dezimieren, wie einige Fungizide und Bodenentseuchungsmittel, bzw.
— ihr Artenspektrum für kürzere oder längere Zeiträume zu verändern, wie dies sowohl bei einigen Pflanzenschutzmitteln als auch Pflanzennährstoffen der Fall ist.

Nach NAUMANN (1972) stehen hier einige Bodenentseuchungsmittel wie Vapam, Dazomet, Allylalkohol und Formalin im Vordergrund des Interesses; sie können auch in normalen Aufwandmengen mehrere Wochen lang einen erheblichen Teil der Bodenmikroorganismen bzw. ihre Stoffwechselaktivitäten inhibieren. Das trifft z. B. für den Zelluloseabbau und die Nitrifikation zu. Parathion-methyl dagegen zeigt selbst in stark überhöhten Dosen (50 ppm) keine signifikante Wirkung. Besonders empfindlich sind Strahlenpilze, Nitrifikanten, Zellulosezersetzer, Bodenalgen und Azotobacter chroococcum. Die beobachteten Hemmwirkungen waren vor allem abhängig von der Bodenfeuchtigkeit und der Bodentemperatur.

Als Maßnahmen zur Erreichung normaler Stoffumsetzungsraten — wo diese für die Folgekulturen erforderlich sind — werden mechanische Arbeiten empfohlen, wie z. B. Bodenlockerung, die zu einem schnelleren Abbau der PSM-Rückstände, einer Belüftung des Bodens und einer Beimpfung mit unbehandeltem Boden, der an den Geräten haftet, führt.

4. Pflanzenschutzmittel können primär oder sekundär auf die Pflanzenverfügbarkeit von Pflanzennährstoffen einwirken, während die Pflanzennährstoffe

ihrerseits unmittelbar chemisch und mittelbar mikrobiologisch auf die Persistenz der Pflanzenschutzmittel Einfluß nehmen können.

5. Durch Pflanzennährstoffe sowie durch Pflanzenschutzmittel gelangen gezielt oder unbeabsichtigt Spurenelemente wie Bor, Mangan, Molybdän, Kupfer, Eisen, Zink u. a. m. in den Boden.

6. Die Wirkstoffe können am Ton-Humus-Komplex reversibel oder irreversibel adsorbiert, mit dem Bodenwasser oder bei intensiven Niederschlägen in tiefere Bodenschichten bzw. in das Grundwasser eingewaschen werden, mit dem Boden- oder Grundwasser bzw. durch kulturtechnische Maßnahmen wie Pflügen wieder an die Oberfläche gelangen, durch Verdunstung, Kodestillation mit dem Bodenwasser oder durch Winderosion mit Staubpartikeln, an denen die Wirkstoffe adsorbiert sind, in die Atmosphäre gelangen und da weitertransportiert werden, was einen Übergang von einem Ökosystem ins andere darstellt.

Neben der vom Anwender beabsichtigten Wirkung sind also die Agrochemikalien in der Lage, im Boden eine Vielzahl ungewollter Folgewirkungen zu entfalten, die in das Gebiet der Toxikologie und der Umweltbeeinflussung reichen. Es ist daher nicht verwunderlich, daß die Arbeiten über die Rückstandsdynamik der Wirkstoffe im Boden, an denen wir uns auch beteiligt haben, außerordentlich zahlreich sind. Aus diesem Grunde soll hier lediglich ein bisher noch unveröffentlichtes Extrembeispiel angeführt werden.

Bei gemeinsamen Untersuchungen mit dem Veterinäruntersuchungs- und Tiergesundheitsamt Stendal über die Kontamination von tierischen Organen und Geweben sowie der Milch mit Chlorkohlenwasserstoff-Insektiziden stellten wir in der Milch, dem Fett und dem Herzkranzfett von Rindern α-, β- und teilweise auch δ-Hexachlorcyclohexan fest. Da diese Erscheinungen zunächst nicht zu deuten waren — in der DDR kommt so gut wie ausschließlich reines γ-HCH, also Lindan zum Einsatz, gingen wir ihnen nach und wurden schließlich von einer LPG informiert, in deren Nachbarschaft einige stillgelegte Steinbrüche von einem Chemiekombinat zur Verkippung der inaktiven HCH-Isomere benützt werden. Wir stellten hierauf Untersuchungen an über die vertikale und horizontale Ausbreitung der durch einen hohen Dampfdruck und relativ gute Wasserlöslichkeit ausgezeichneten HCH-Isomeren im Boden, von denen einige Ergebnisse den folgenden Tabellen entnommen werden können (Jonas 1975).

Ausgehend von diesen Ergebnissen war es nicht weiter verwunderlich, daß die auf diesem Boden angebauten Futterpflanzen zum Teil erheblich mit HCH-Isomeren kontaminiert waren. So konnte in 200 m von der Einfahrtstelle entnommenen Kleeproben noch 2,4 mg α-, 2,0 mg β- und 0,08 mg δ-HCH/kg und in grünen Weizenproben (Mitte Mai) 100 m von der Einfahrtstelle 15 mg α-, 2,5 mg β- und 0,2 mg δ-HCH/kg nachgewiesen werden. Auch die Milchproben dieser LPG waren durchweg mit α- (0,01—0,17 mg/kg) und β-HCH (0,02—

Tabelle 4
HCH-Rückstände in Oberflächen-Bodenproben, ausgehend vom Zufahrtsweg, etwa 20 m vor dem Einfahrtstor zum Steinbruch in nordöstlicher Richtung, bestimmt mit einer DC-Methode (u. N. = unterhalb der Nachweisgrenze)

Entfernung in m	HCH-Isomere in mg/kg		
	α	β	δ
5	320	320	20
40	4,8	1,2	u. N.
80	4,0	4,0	u. N.
160	0,2	0,2	u. N.
240	0,4	1,5	u. N.
320	0,2	0,2	u. N.

Tabelle 5
HCH-Rückstände in Bodenproben aus verschiedenen Tiefen, 5 m vor der Einfahrt zum Steinbruch, bestimmt mit einer DC-Methode (u. N. = unterhalb der Nachweisgrenze)

Tiefe in cm	HCH-Isomere in mg/kg		
	α	β	δ
5–10	80	40	7,5
25–35	0,2	0,1	0,05
45–55	u. N.	0,1	0,05
100	0,1	0,2	0,05
150	u. N.	0,05	0,05
170	u. N.	0,1	0,05

0,68 mg/kg) kontaminiert, dagegen nur selten mit δ-HCH (Maximum: 0,04 mg/kg; die meisten Proben u. N.). Das gleiche galt in verstärktem Maße für die Herzkranzfettproben, die zwar frei von δ-HCH waren, aber erhebliche Mengen der beiden anderen Isomere enthielten (Maximum: je 10,0 mg α- und β-HCH/kg; Durchschnitt: etwa je 3 mg/kg). Diese Werte zeigen sehr deutlich, daß an die Verkippung bzw. Beseitigung überlagerter oder inaktiver Pflanzenschutzmittel verstärkte Sicherheitsanforderungen gestellt werden müssen und daß die Persistenz-Steuerung der Wirkstoffe im Boden einen Hauptschwerpunkt der Forschung darstellt. So kann auch registriert werden, daß im internationalen Schrifttum die Arbeiten über die Beeinflussung der Beständigkeit von Wirkstoffen durch chemische und mikrobiologische Steuerung sowie über die Formulierung bzw. Applikationsform ständig zunehmen.

Solche Maßnahmen stellen einen mehr aktiven Beitrag zur Lösung dieses Problems dar, während wir uns in der Vergangenheit über Einsatzverbote und Auflagen zur Fruchtfolge nach der Anwendung bestimmter Präparate mehr passiv verhielten.

Eine bemerkenswerte Arbeit lieferten Smith und Parr (1972), die das Verhalten verschiedener DDT-Formulierungen unter der Einwirkung von Applikationen wasserfreien Ammoniaks in den Boden untersuchten. Sie konnten nachweisen, daß der Umbau von DDT zu DDE sowie von DDD zu DDMU bei einem pH-Wert von 13, der bei diesen Applikationen für kürzere Zeit vorherrschen kann, schnell erfolgt und daß nach 28 Tagen ein langsamer Abbau im pH-Bereich von etwa 10 stattfindet. Siebel ließ sich 1972 ein Verfahren patentieren, wonach labile Verbindungen stabilisiert und schwer abbaubare zu einem schnelleren Abbau veranlaßt werden, indem sie mit Adjuvantien „mikroeingekapselt" werden. Als Modell führt er ein Koazervat aus 20% DDT und 80% Nikotin an, das in Gelatine zu Kapseln verarbeitet wird. Eine Lagerung bei 5 °C übersteht diese Formulierung über mehrere Wochen mit Wirkstoffverlusten von weniger als 1%. Wird diese Zubereitung aber bei 20 °C auf Blätter oder Boden appliziert, so beträgt die Halbwertszeit für DDT (Abbau zu DDE) nur etwa 10 Tage. Über die erfolgreiche Erprobung eines sowjetischen Bakterienpräparates (Biokatalysator) zur Abbaubeschleunigung von DDT im Boden berichten Gar u. Mitarbeiter (1973). Weniger erfolgversprechend scheinen die Zusätze chemischer Abbaubeschleuniger wie Chromsäure u. a., da diese Verbindungen phytotoxisch wirken. Metcalf u. Mitarb. (1972) publizierten eine Arbeit über leicht abbaubare DDT-Analoga, das Methoxychlor, das Methylchlor und das Methiochlor und deren Metabolismen [siehe Abb. 3]. Praktische Bedeutung in großem Maßstab hat von den aufgeführten Verbindungen jedoch nur das Methoxychlor gewonnen, das auch in der DDR als Ersatzprodukt für DDT steigenden Einfluß erlangt.

Allgemein überschätzt werden die Quecksilber-Mengen, die jährlich in den Boden gelangen. Bei einer Gesamtanbaufläche an Weizen, Roggen, Gerste, Hafer und Zuckerrübe von etwa 2,5 Mill. ha werden pro Jahr etwa 500 t Hg-Beizen eingesetzt, die durchschnittlich 1,5%, das sind 7,5 t Hg, enthalten. Das bedeutet, daß auf diesen Flächen bei einem 100%igen Verbleib des Präparates auf dem Saatgut (tatsächlich liegen die Zahlen bei 20—30%) auf einen ha 3 g Quecksilber gelangen. Bei einer durchschnittlichen Pflugtiefe von 30 cm und einem angenommenen relativen spezifischen Gewicht des Bodens von etwa

2,5 würde dies einer jährlichen Zufuhr von 0,4 ng/kg oder 0,4 ppb Hg gleichkommen. Diese Werte liegen aber bereits im Bereich der natürlich vorkommenden Spurenelemente.

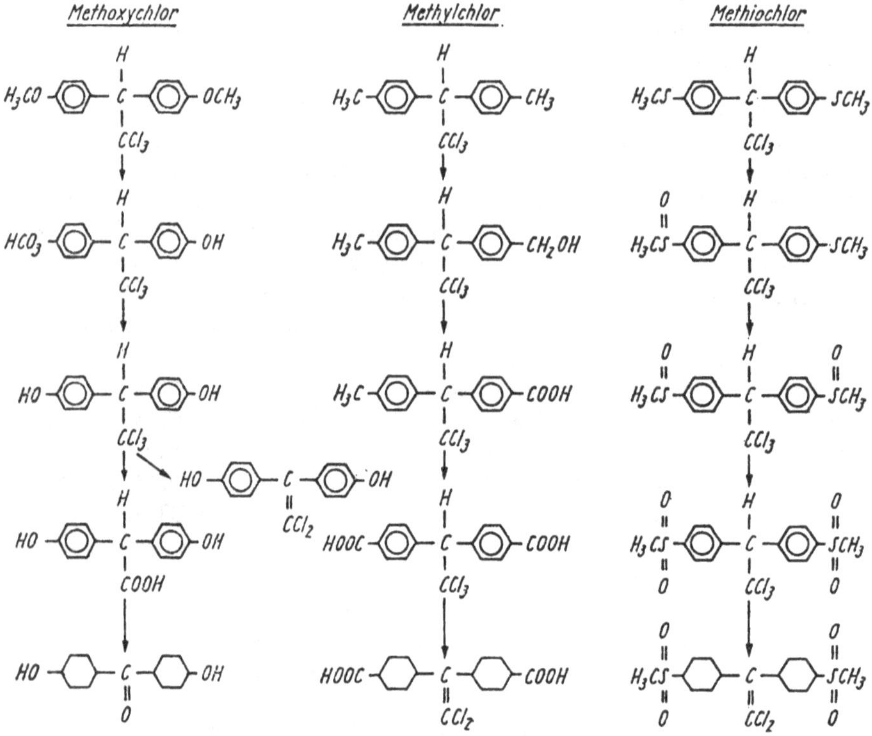

Abb. 3. Metabolismus einiger leicht abbaubarer DDT-Analogen nach Metcalf und Mitarbeitern 1972

Insgesamt muß gesagt werden, daß gegenwärtig für die Kontamination des Bodens mit Agrochemikalien keine Normative bestehen, mit Ausnahme der bereits erwähnten Anwendungsbegrenzungen und Fruchtfolgeauflagen. Wenn man auch einschätzen kann, daß internationale Absprachen hier bei weitem nicht die Bedeutung haben, wie etwa einheitliche Normative für Wasser, so ist doch eine Erweiterung und Präzisierung der Inland-Standards geboten.

Wenn hier noch einige Worte über das Umweltmedium Luft gesagt werden sollen, so nur unter Ausschluß der Bedingungen, die am Arbeitsplatz oder in dessen Umgebung bei der Herstellung, Lagerung, dem Transport und der Ausbringung von Agrochemikalien herrschen und für die spezielle Normen des Arbeits- und Gesundheitsschutzes gültig sind.

Prinzipiell können alle Pflanzenschutzmittel, die einen entsprechend hohen Dampfdruck, die Fähigkeit zur Kodestillation oder zur Adsorption an Staubpartikel haben, in die Atmosphäre gelangen und sind hier dem Abbau durch Strahlungsenergie, Sauerstoff und Wasser ausgesetzt. Wenn man davon ausgeht, daß nur etwa 5—10% der meisten in die Atmosphäre eingebrachten Pflanzenschutzmittel das Ziel ihrer beabsichtigten Wirkung erreichen, ein — je nach der zu behandelnden Pflanzenart und der Applikationstechnologie sehr stark schwankender — Teil in die Umgebung der Zielpflanze gelangt (Boden, nicht zu behandelnde Nachbarpflanzen, Gewässer), so muß man annehmen, daß beträchtliche Mengen in der Atmosphäre verbleiben. Diese können je nach der Ausbringungsform (die das Partikelgewicht und dessen Durchmesser sowie die Flüchtigkeit des Trägerstoffes stark beeinflussen) und meteorologischen Faktoren über längere Zeit z. B. fast unbeweglich in Form von Wolken über dem behandelten Feld, oder mit großer Geschwindigkeit sich horizontal oder vertikal bewegend, weitertransportiert werden. Daß sich z. B. DDT in erheblichen Mengen weit entfernt von den Applikationsgebieten aufhalten kann, wiesen Clare und Stewart (1972) nach, die Durchschnittswerte von 4 ng/m^3 bei Maximalwerten von 10 bis 2000 ng/m^3 fanden, letztere allerdings in der Nähe von Applikationsstellen. Woodwell u. Mitarbeiter (1972) nennen für DDT Maximalkonzentrationen von 80 ng/m^3 und ziehen aus Untersuchungen über die Verweildauer der Luftteilchen den Schluß, daß sich diese — je nach der Windbewegung — in den mittleren Breiten in etwa 3—4 Wochen einmal rund um den Erdball bewegen können. Hurtig (1972) berichtet über Versuchsergebnisse, nach denen in zwei Städten in den USA das keineswegs sonderlich persistente Fenitrothion in der Luft, 40 Meilen vom nächsten Anwendungsort, nachgewiesen wurde. Die chemischen Ab- und Umbauprozesse innerhalb der Atmosphäre sind nach Art und Menge weitestgehend unbekannt. Es kann aber angenommen werden, daß das Verschwinden vor allem der minderpersistenten Wirkstoffe, wie der Phosphororganika und der Wuchsstoffherbizide, aber auch der persistenten Verbindungen, wie der Chlorkohlenwasserstoffinsektizide, zu einem erheblichen Teil auf solche Ab- und Umbauprozesse innerhalb der Atmosphäre zurückzuführen ist. Die so entstandenen Bruchstücke, wie auch die zum Teil noch nicht zersetzten, also intakten Wirkstoffe, können dann durch verschiedene physikalische Prozesse vor allem aber mit Regen, Schnee und Nebel wieder aus der Atmosphäre auf die Erdoberfläche gelangen. So wurden an verschiedenen Stellen der Erde im Regenwasser mehr oder weniger große Mengen hauptsächlich von Chlorkohlenwasserstoffinsektiziden gemessen. Eine Zusammenstellung der uns bisher bekannt gewordenen Kontaminationen von Regen ist der Tabelle zu entnehmen.

Tabelle 6
Rückstände von Chlorkohlenwasserstoffinsektiziden im Regenwasser. Zusammenstellung von BENEVUE u. Mitarb. (1972)

Areal	Jahr	Rückstände in ng/l (ppt)					
		Lindan	Dieldrin	DDT	Chlordan	PCP	Σ
England	1964/65	75	19	3			97
England	1966/67	60	8	46			114
Ohio	1965	25		150			175
Hawai	1970/71	5	5	3	u. N.*	u. N.	13
Hawai	1971/72	3	12	4	1	60	80

* u. N. = unterhalb der Nachweisgrenze

Man sollte diese Beobachtungen, auch wenn sie für die praktische Umweltsicherheit zunächst keine unmittelbar sichtbare Bedeutung haben, nicht als rein akademisch abtun. Wir halten es für geboten, neben den MAK-Werten auch Maximalkonzentrationen in der Atmosphäre festzulegen, die überprüft werden und bei deren Überschreitung restriktive Maßnahmen erfolgen müssen.

Die angestrebten Normative sollten kein Selbstzweck, sondern Mittel zum Zwecke einer Optimierung der Reinhaltung der Umwelt zum Nutzen des Menschen sein. Hierzu ist es aber erforderlich, daß diese Normen interdisziplinär erarbeitet und vor allem, daß sie aufeinander abgestimmt sind. In der DDR ist dieses Vorgehen für die Toleranzgesetzgebung bei Pflanzenschutzmitteln durch die von den beteiligten Ministerien für Gesundheitswesen und für Land-, Nahrungsgüter- und Forstwirtschaft beauftragten Institute für Ernährung der AdW und für Pflanzenschutzforschung der AdL erfolgreich praktiziert worden. Hierbei wurde stets von den toxikologischen Erkenntnissen sowie von den Erfordernissen der landwirtschaftlichen Produktion ausgegangen. Dieses Beispiel, das auch im RGW-Maßstab Anerkennung fand, reicht jedoch für den Umweltschutz nicht aus. Hier bedarf es einer zunächst wissenschafts-methodologischen Arbeit, die sukzessive in die Praxis überzuführen ist und *alle* Umweltmedien, also nicht nur die Nahrung und Ernährung umfaßt. Theoretische Grundlagen, die entsprechende Bestrebungen der WHO/FAO ergänzen, sind im Allunionsinstitut für Hygiene und Toxikologie der Pestizide und Elaste in Kiew erarbeitet worden (MEDWED 1968, SPYNU u. Mitarb. 1967 u. 1968). Diese Arbeiten beschäftigen sich zwar durchweg mit Pestiziden, können aber leicht auch auf andere Agrochemikalien ausgedehnt werden.

Spynu u. Mitarbeiter (1967) streben eine komplexe Normierung der Wirkstoffe in den verschiedenen Umweltmilieus an, durch die Formulierung des folgenden Modells:

$$D_M = \sum_{i=1}^{3} Di$$

Darin bedeuten:

D_M = maximal zulässige, unschädliche Dosis des Wirkstoffes für den Menschen
D_1 = zulässige Menge des Wirkstoffes in der Nahrung
D_2 = zulässige Menge des Wirkstoffes im Trinkwasser
D_3 = zulässige Menge des Wirkstoffes in der Atmosphäre

Für die Festsetzung der Einzelnormative D_i zur Einhaltung der Normative D_M sind Standards zur Überprüfung und Kontrolle der Kontamination der Umwelt mit den einzelnen Wirkstoffen, also zur Ermittlung der in der Praxis auftretenden Kontaminationsgrade des Milieus oder, wie in den Originalarbeiten genannt, der „Umweltobjekte" notwendig. Als Vorarbeit für die Ermittlung des Wertes D_M ist also die Aufklärung der Gesamtkontamination der Umwelt des Menschen erforderlich, ausgedrückt durch die analoge Formel:

$$K_u = \sum_{i=1}^{3} K_i$$

Die Werte K_1 bis K_3 entsprechen den durch die Produktion entstehenden tatsächlichen Kontaminationswerten in der Nahrung, im Trinkwasser und in der Atmosphäre. Im gegenwärtigen Zeitpunkt werden in der DDR mit Ausnahme der Bioregulatoren vorwiegend Agrochemikalien eingesetzt, die 10 und mehr Jahre alt sind, so daß es möglich ist, die entsprechenden Werte aus der internationalen Literatur zu verifizieren, um so zu realen Zahlen zu gelangen. Die Anforderungen an die Qualität von K_1 bis K_3 sind in ihren Einzelheiten bei Beitz (1973) beschrieben. Besonders zu berücksichtigen ist, daß die Werte D_2 und D_3 mit den entsprechenden Zahlen K_2 und K_3 abgestimmt werden müssen, da sie gegenüber D_1 nur kleine Werte darstellen. Für die nahe Zukunft ist zu erreichen, daß

$$D_M \leq K_u \sum_{i=1}^{3} K_i$$

ist. Diese Forderungen können natürlich nur für die Normalbevölkerung gelten, bei der der Faktor D_4, die zulässige Menge des Wirkstoffes in der Luft des Arbeitsplatzes nicht enthalten ist. Diese Einschränkung ist sehr wesentlich, da entsprechend der Konzentration des Anbaues landwirtschaftlicher Kulturen und der Spezialisierung die Zahl der beruflich Exponierten abnimmt, ihre Exposition aber erheblich ansteigt und heute bereits bis zu 9 Monaten im Jahr andauern kann. Korrekt müßte also anstelle von D_M der Ausdruck D_{NB}, der für die Normalbevölkerung gilt, gesetzt werden. In der „Methodischen Anleitung zur hygienischen Beurteilung neuer Pestizide" (o.V. 1969) wird auf der Basis weltweiter Untersuchungen z. B. für den Wirkstoff DDT die folgende Aufteilung genannt:

$$D_1 = 0{,}95\ D_{NB}$$
$$D_2 = 0{,}074\ D_{NB}$$
$$D_3 = 0{,}003\ D_{NB}$$

Diese Zahlen, die durchaus nicht den Anspruch auf Universalität erheben und Durchschnittswerte darstellen, geben aber doch ein recht deutliches Bild der toxikologischen Relevanz der Kontamination der einzelnen Milieus wieder. Man kann aus ihnen aber noch eine weitere wesentliche Erkenntnis ableiten.

Die immer umfangreicher werdenden Anforderungen zur akuten und chronischen Toxizität der Wirkstoffe bilden — dies sei deutlich unterstrichen — die *Basis* für ihre Bewertung. Der tatsächliche Wertmaßstab für einen neuen Wirkstoff kann aber nur in Verbindung mit dem Kontaminationsgrad unter Praxisbedingungen bemessen werden. Hier sind in den letzten Jahren — zweifellos mit dem Ziel des Schutzes des Menschen, verbunden mit vielfältigen emotionellen Erwägungen — Disproportionen entstanden, die dem angestrebten Ziel nicht mehr gerecht wurden. Dies führte z. B. dazu, daß in den vergangenen zwei bis drei Jahren auf dem Gebiet der Entwicklung chemischer Schädlingsbekämpfungsmittel eine klare Stagnation zu verzeichnen ist, die auf diesen nahezu alleinigen Wertmaßstab zurückzuführen ist. Während für die Entwicklung des Handelspräparates Sevin mit dem Wirkstoff Carbaryl zu Anfang der sechziger Jahre die Kosten für toxikologische Untersuchungen rund 15% der Gesamtsumme ausmachten (Wellman 1966), stellen sie heute bei Neuentwicklungen den entscheidend begrenzenden Faktor dar, der $^2/_3$ des Aufwandes beträgt.

Metzger (1972) beziffert die Dauer für die Produktionsentwicklung eines neuen Handelspräparates für 1967 im Durchschnitt auf fünf Jahre, für 1971 aber bereits auf 6,5 Jahre, und das Suchforschungsrisiko mit einem Anstieg von 1 : 40 000 auf 1 : 80 000. Diese Zahlen stellen hinsichtlich einer Verminderung der Umweltbelastung keineswegs nur positive Wirkungen dar, zumal sich kapitalistische Produktionsbetriebe in zunehmendem Maße auf die Herstellung *unspezifisch* wirkender Präparate mit einer möglichst ausgedehnten Breiten-

Tabelle 7
Entwicklungskosten für das Insektizid Sevin in Dollar nach WELLMAN 1966 (Wirkstoff Carbaryl)

Synthese	500 000
Labortests	200 000
Feldversuche	300 000
Toxikologische Untersuchungen	350 000
Patent	25 000
Formulierung	80 000
Produktentwicklung	450 000
Verfahrensentwicklung	350 000
Einführungsfeldversuche	100 000
Musterverkäufe	150 000
Insgesamt	2 505 000

wirkung konzentrieren, die dann in hohen Tonnagen abgesetzt werden können. Diese Tendenz widerspricht aber eindeutig der biologisch gezielten Anwendung von im Wirkstoffsortiment reichen, in den Wirkstoffanteilen aber möglichst niedrigen Aufwandmengen und kann auch global gesehen zu einem Bruch des Gleichklanges von Ökonomie und Ökologie führen. Der dargelegte Trend führt letztendlich zu dem Zustand der DDT-Anwendung der fünfziger und sechziger Jahre, der auf Grund toxikologischer Forderungen verändert wurde. In der DDR wurde dieser Forderung z. B. in dem am 15. 7. 1970 vom Ministerrat der DDR beschlossenen *Stufenprogramm für den teilweisen Ersatz von DDT-Präparaten* Rechnung getragen. Es sei hier abermals dringend betont, daß die toxikologische Risikobeurteilung von Fremdstoffen in der Umwelt die Schlüsselstellung für deren Einsatzmöglichkeit innehat. Gleichzeitig muß aber nochmals darauf hingewiesen werden, daß auch neue Denkansätze in der Verallgemeinerung tierexperimenteller Befunde notwendig werden. Insbesondere bedarf es dringend einer Umformulierung des „no effect level“. Mit zunehmender Verfeinerung histopathologischer Erkennungsmöglichkeiten wird es immer schwieriger, Schwellenwerte zu finden, bei denen absolut keine Veränderungen gegenüber dem unbehandelten Kontrolltier nachzuweisen sind. Parallelen zeigt die Analytik. Seit vielen Jahren ist man sich über die Unsinnigkeit des Begriffes „Nulltoleranz“ in seiner absoluten Auslegung im klaren. Aber sehr zaghaft ordnet man diesem Begriff Zahlenwerte zu, die in Übereinstimmung mit den analytischen Nachweisgrenzen ebenso wie mit den toxikologischen Erfordernissen stehen. In diesem Sinne sollte, wie HENSCHLER (1973) es fordert, *ein durch Fremdstoffe induzierter biologischer Vorgang erst dann als toxische Wirkung bezeichnet werden, wenn die ausgelöste Struktur und/oder Funktion sich nachteilig für den Bestand und die Erneuerung des Gesamtorganismus auswirkt.* Gleichzeitig ist aber auch seiner Forderung Rechnung zu tragen: „Der Laie muß etwas von biologischer Variabilität und von quantitativen Zusammenhängen lernen; er muß begreifen, daß der Umgang mit Chemikalien grundsätzlich ein Risiko birgt. Nur so kann die Öffentlichkeit gleichermaßen und bewußt an der Verantwortung mittragen, die uns der zivilisatorische Fortschritt auferlegt.“

Auch für den Ersatz der gegenwärtig angewandten Agrochemikalien durch neue Wirkprinzipien gibt es zahlreiche Trends. Die meisten neuen Prinziplösungen der Schädlingsbekämpfung mit Hilfe natürlicher oder synthetischer Chemikalien zielen darauf ab, bei den Schaderregern Abweichungen vom Normalverhalten zu erreichen. Die eleganteste Lösung hierbei stellen Kombinationen von *Pheromonen* und Insektizidfallen dar. Die wichtigsten Pheromone sind von kopulationsbereiten Insekten aus bestimmten Organen, z. B. den sacculi lateralis abgesonderte, artspezifisch zur Anlockung des Partners dienende Sexual-Duftstoffe. Das bemerkenswerteste an diesen Verbindungen ist ihre Eigenschaft, noch in sehr niedrigen Konzentrationen zu wirken. Nach Butenandt, der sich um diese Körperklasse besonders verdient gemacht hat, sind die Insekten-Sexual-Lockstoffe die aktivsten Substanzen, die bisher von Biochemikern isoliert werden konnten. So gelang es Butenandt 1959 nach mehr als 20jähriger Arbeit, aus etwa einer halben Million Abdominalsegmenten von Weibchen des Seidenspinners Bombyx mori etwa 15 mg Sexuallockstoff zu isolieren und seine Konstitution durch Totalsynthese nachzuweisen. Es handelte sich um das 10-Trans12-cis-hexadecandienol-(1) der Zusammensetzung

$$H_3C-(CH_2)_2-\overset{H}{\overset{|}{C}}=\overset{H}{\overset{|}{C}}-\underset{\underset{H}{|}}{C}=\overset{H}{\overset{|}{C}}-(CH_2)_8-CH_2OH$$

von seinen Entdeckern *Bombykol* genannt. Dieser Stoff hat eine Verhaltensschwellenkonzentration am Rezeptor von 2×10^2 Molekülen/ml Luft. In den letzten Jahren sind eine Reihe von Sexual-Ansammlungs- und Spurenpheromonen aus verschiedenen Insekten isoliert worden, deren Konstitution ganz, teilweise oder noch gar nicht geklärt werden konnte. Die Anwendung als Geruchsattrappen zur getäuschten Anlockung in Insektizidfallen in der Praxis, die alle Probleme der Umweltbelastung durch Insektizide lösen würde, hängt davon ab, ob wirtschaftliche Synthesen für genügend reine Wirkstoffe gefunden werden und ob es gelingt, die Maskierung der Aktivsubstanzen durch z. T. nur geringe Mengen stereoisomerer, oder anderer strukturell sehr ähnlicher und daher nur schwer abtrennbarer Stoffe auszuschalten. Hinzu kommt noch, daß diese Stoffe zumeist streng artspezifisch sind. Besondere Aufmerksamkeit wird daher den Insekten zugebilligt, die mehr als ein Pheromon enthalten.

Mehr Erfolg hatte man mit den *Repellents,* Abwehrstoffen, die als Vergrämungs- oder Vergällungsmittel zumeist über die Dampfphase wirken und Gerüche oder Ausdünstungen, die normalerweise für Insekten anlockend wirken, überdecken. Diese Bestrebungen sind bereits historisch; so beschreibt Plinius, daß die Römer Galbanum, Cypressen, Granatapfelschalen und Wolfsbohnen als Insektenabwehrmittel verwendeten. In ähnlicher Weise wurden und werden Knoblauch, Kampfer, Nelkenöl, Thymian, Zitronenöl, Bergamottöl, Pfefferminzöl und andere Naturstoffe zur Insektenabwehr mit mehr oder weniger Erfolg eingesetzt. Über besonders erfolgreiche Versuche, den Repellent-Effekt einiger ätherischer Öle in der Praxis auszunutzen, berichtet Osmani 1971. Er konnte nachweisen, daß die Öle von Palmarosa, Lemon-Gras, Ingwer-Gras, Eukalyptus und Sandelholz bei Stubenfliegen und Mücken innerhalb 10—20 Minuten totale knock down-Effekte auslösten. Besondere Wirkung zeigten Lemongras- und Sandelholzöl.

Die zur Zeit im Handel befindlichen Präparate enthalten zumeist organische Syntheseprodukte als Wirkstoffe; die bekanntesten sind der Phthalsäuredimethylester, das 2-Äthyl-hexan-1,3-diol und das N,N-Diäthyl-m-toluamid. Die Anwendung ist zunächst noch auf die Kosmetik und die Seuchenhygiene (Abwehr von Gelbfieber, Malaria und Fleckfieber übertragenden Insekten) sowie die Imprägnierung von Textilien beschränkt. Eine erwähnenswerte Umweltbelastung oder toxikologische Probleme sind mit diesen Mitteln nicht verbunden.

Weitaus problematischer ist der Einsatz von *Chemosterilantien,* der auf erste Bemühungen von Knipling Anfang der dreißiger Jahre zurückgeht und der von dem Gedanken ausging, eine Insektenart durch sich selbst zu vernichten dadurch, daß man mit Hilfe spezieller Behandlungen dem Erbgut Letalfaktoren zufügt. Diese müßten dann von den so behandelten Männchen, die sich im Kopulationsvermögen und der Lebenstüchtigkeit von den normalen Individuen nicht unterscheiden dürfen, auf die von ihnen befruchteten Weibchen übertragen werden, die wiederum Eier ablegen, die nicht entwicklungsfähig sind. Diese „sterile male technic" hatte den ersten großen Erfolg bei der Ausrottung der Screw-worm-Fliege Cochliomyia hominivorax Coquerel, einem Rinderparasiten auf der Insel Curacao und in weiten Gebieten von Florida und Texas in den Jahren 1954—58 und 1962—64. Die Sterilisation wurde damals im Puppenstadium der Schaderreger durch Bestrahlung mit Röntgen-Strahlen erreicht. Die Imagines wurden vom Flugzeug ausgebracht. Die Bekämpfungsnachteile liegen darin, daß die sterilisierten Schaderreger fabrikmäßig und vor allem zum rechten Zeitpunkt produziert werden müssen, was problematisch ist, und daß zusätzlich Millionen von Schadinsekten auszusetzen sind, die gleichfalls wie ihre fruchtbaren Geschlechtsgenossen zunächst schädigend wirken können. Die gegenwärtig eingesetzten Verbindungen, die eine Chemosterilisation bewirken sollen, enthalten zumeist Aziridinringe, die besonders wirksam sind. Eines der bekanntesten Präparate dieser Art ist das Apholate mit dem Wirkstoff 2,2,4,4,6,6-Hexakis-(1-aziridinyl)-2,4,6-triphospha-1,3,5-triazin der Zusammensetzung [Abb. 4]:

Der bekämpfungstechnische Vorteil liegt in der Möglichkeit, die Insekten direkt im Freiland zu sterilisieren und hierdurch spezielle Zuchtanstalten zu sparen; die einsatzbegrenzende Wirkung liegt in der Voraussetzung eines abgeschlossenen Anbaugebietes, wie es sich z. B. auf der Insel Curacao anbot, wo eine Auffrischung der Population durch Neuzuflug praktisch ausgeschlossen blieb. Ungeachtet dieser Erfolge bedürfen die toxikologischen Probleme, die mit dem Einsatz der Chemosterilantien verbunden sind, einer besonders kritischen Betrachtung. Ihr Wirkungsmechanismus als Alkylantien läßt sie hinsichtlich cancerogener und mutagener Wirkungen äußerst suspekt erscheinen. Diese Wirkungen übersteigen die der gegenwärtig im Einsatz befindlichen Pflanzenschutzmittel um ein vielfaches (Hayes 1964). Offenbar ist die Gewinnung toxikologisch harmloser Stoffe mit Sterilisationseffekten auch möglich. So behandelten Su u. Mitarbeiter (1972) Schwarzfleckerbsen, die von dem Bohnenkäfer Callosobruchus maculatus F. befallen waren, mit Schalenölen 8 verschiedener Zitrusfrüchte, mit dem Erfolg, daß keine Adulten zur Entwicklung kamen. Der Mechanismus dieser Wirkungen ist allerdings nicht geklärt.

2.2.2.4.4.4.6.6 - Hexakis - (1 - aziridinyl) - 2.4.6 -
- triphospha - 1.3.5. - triazin
"Apholate"

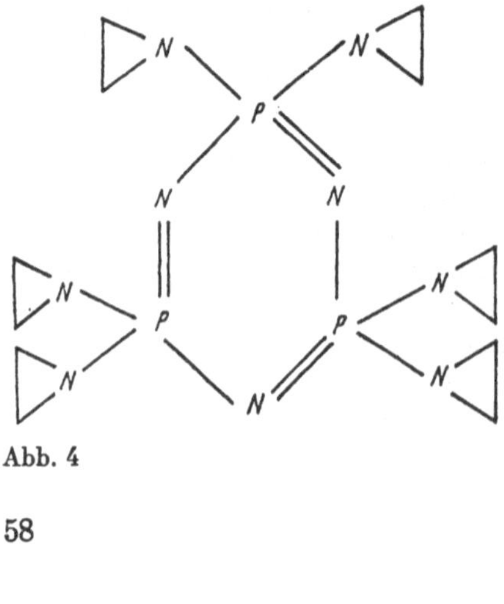

Abb. 4

Besondere Vorbehalte verdient der Einsatz von *Antimetaboliten* zur Chemosterilisation. Verschiedene Wirbeltierhormone, Alkaloide, Antibiotika, Hydrazinderivate und Furane sind in der Lage, negative Wirkungen auf die Nachkommenschaft von Schadinsekten auszuüben, da sie infolge ihrer strukturellen Ähnlichkeit mit natürlichen Stoffwechselzwischenprodukten zu Störungen im normalen Stoffwechsel und hierdurch bedingten Fehlleistungen führen. So wird z. B. 5-Fluourazil anstatt Urazil in die RNA eingebaut. Azaserin (5-Diazo-2-amino-lävulinsäure) kann an die Stelle von Glutaminsäure treten. Auch hier erscheint die Möglichkeit von Tumorbildungen oder mutagener Effekte wahrscheinlicher als bei den klassischen Insektiziden.

Sorgsamer Prüfung bedürfen die Bestrebungen zur gezielten Manipulation der Schädlingspopulation durch chemisch oder physikalisch induzierte *Chromosomenveränderungen* sowie die *Anwendung insektenpathogener Viren, Bakterien, Rickettsien* und anderer mikrobieller Krankheitserreger. Der Pilz Entomophthora coronata wird in Kalifornien zur Bekämpfung der Luzerneblattlaus eingesetzt, muß aber als potentieller Krankheitserreger auch für warmblütige Organismen angesehen werden. Tierversuche mit dieser Pilzart ergaben Mikroabszesse, Entzündungen, Nekrosen von Lunge und Leber. Der Pilz Beauveria bassiana, der gleichfalls zur biologischen Schädlingsbekämpfung herangezogen wird, führte bereits bei Menschen zu vielfältigen krankhaften Erscheinungen. 1971 waren etwa 460 Pilz-, 80 Bakterienarten, 225 Viren, 250 Einzeller und 20 Rickettsien bekannt, die zur künstlichen Krankheitserregung bei Schadinsekten geeignet sind. Zum gleichen Zeitpunkt war aber nur ein verschwindend geringer Teil dieser Organismen toxikologisch ausgeprüft, während die Anforderungen an entsprechende Tests für chemische Bekämpfungsmittel bereits sehr streng waren.

Gelingt es dagegen, artspezifische Mikroorganismen zur Schädlingsbekämpfung zu finden, könnte dies Umwelt- und Nützlings-schonend sein. Ein Beispiel, wo diese Eigenschaften besonders deutlich sind, stellen die Bacillus-thuringiensis-Präparate dar, deren Wirkung sich auf bestimmte Lepidopterenarten beschränkt.

Seit es einen Pflanzenschutz mit organisch-synthetischen Verbindungen gibt — erstaunlicherweise beachtete man die bekannt giftigen Arsen-, Selen-, Thallium- und andere Verbindungen lange nicht in dem Maße —, werden Rufe nach einer *biologischen Schädlingsbekämpfung* mit wechselnder Intensität laut. Hierbei wird zumeist übersehen, daß einer chemischen Bekämpfung vor allem tierischer Schaderreger ökologische Studien vorangehen müsen, wenn diese überhaupt Erfolg haben soll, und daß in den Bemühungen der Pflanzenzüchter um Insektenresistenz eine Art der biologischen Schädlingsbekämpfung bereits seit mehr als einem halben Jahrhundert existiert. Hierbei sollen durch Selektion

Sorten gezüchtet werden, die ein biochemisch günstigeres Verhältnis der Beziehung zwischen Insekten und Pflanzen herstellen. Eine chemisch induzierte Resistenz vor allem gegen Pflanzenkrankheiten wird bereits in großem Maße bei den Systemfungiziden praktiziert. Aber auch nicht fungitoxisch wirkende Verbindungen, die z. B. Toxine und gewebezerstörende Enzyme inaktivieren oder Zellstrukturen zerstören, die in energieproduzierende sowie biosynthetische Prozesse eingreifen, sind Gegenstand intensiver Untersuchungen.

Unter biologischer Schädlingsbekämpfung versteht man aber vor allem den Einsatz von Raubinsekten (oder Raubmilben) zur Dezimierung der Schaderreger. Die Bedeutung verschiedener Kleintiere wie von Fledermäusen, zahlreichen Arten von Vögeln, Ameisen und anderen wurde schon frühzeitig erkannt und teilweise bereits gesetzlich geschützt. So schreibt Carl Wilhelm Hennert in seiner Schrift: „Über den Raupenfraß und Windbruch in den königlichen preußischen Forsten in den Jahren 1771 bis 1774“ erschienen im Selbstverlag in Berlin 1779 die folgenden Passagen:

„Bei dem großen Raupenfraß in den märkischen Forsten fand man in den Destrikten, worin die Bäume ganz kahl von den Raupen abgefressen waren, hin und wieder mitten unter diesen einige stehen, welche ganz grün und gesund geblieben waren. Bei näherer Untersuchung fand man an allen diesen Bäumen Ameisenhaufen, und ich habe es selbst gesehen, wie sehr die Raupen zu kämpfen hatten, wenn sie über einen Ameisenhaufen kriechen wollten; die Ameisen fielen sie mit Wuth an, zwackten sie von allen Seiten, die Raupe hob das Vorderteil des Leibes in die Höhe, schlug um sich und nur selten gelang es ihr, in den Stamm des Baumes zu gelangen.“

Aber auch Gesetze wurden bereits vor über einem Jahrhundert erlassen, die den Schutz verschiedener Arten von Fledermäusen, Vögeln und anderen Kleintieren galten, mit dem Ziel, diese Arten der biologischen Schädlingsbekämpfung zu erhalten. So wurden z. B. im Jahre 1868 von dem Landtag von Galizien, das damals nach der Teilung von Polen ein Bestandteil der österreichisch-ungarischen Monarchie war, zwei Gesetze erlassen. Eines davon galt den Fledermäusen und verschiedenen Arten von Vögeln, das andere dem Schutze des alten Murmeltiers und der Gemse in der Tatra. Die erste Verordnung trat nie in Kraft, die zweite wurde aber streng befolgt und bewahrte diese beiden Säugetiere vor dem Aussterben (Kirk 1972). Der Nutzen der Waldameisen innerhalb der Forstschädlingsbekämpfung ist seit langem bekannt; indessen bedurften auch hier gezielte Aktionen, wie z. B. die Anlage künstlicher Ameisenansiedlungen, einer ökonomischen und ökologischen Bewertung. Matthys (1971) beschreibt Beobachtungen, wonach sich in der Nähe von Formicica polyctena-Nestern, einem Vertreter der Formicica rufa-Gruppe, Blattläuse sich dank der

Pflege durch die Ameisen so gut entwickeln, daß sie das Wachstum von Kiefern hemmen können.

In größerem Ausmaße hat sich der Einsatz von *Raubmilben im Obstbau* bewährt. Pionierleistungen auf diesem Gebiet werden in der UdSSR vollbracht, wo erstmals in Bjelorußland in dem Dorf Prisna im Rajon Mogilew 1965 Laboratorien zur Produktion hauptsächlich von Schlupfwespen zum Schutze von 3000 ha Obstgärten und 500 ha Kohlfeldern geschaffen wurden. 1972 bestanden bereits 320 biologische Laboratorien zur Aufzucht der Eivertilger Trichogramma in der Ukraine, die rund 4 Millionen ha Anbaufläche mit den verschiedensten landwirtschaftlichen und gärtnerischen Kulturen von Schadinsekten schützen. Dieser Art der Schädlingsbekämpfung sind jedoch gegenwärtig noch Grenzen gesetzt. Ähnlich wie bei der Anwendung sterilisierter Insektenmännchen müssen sie zum biologisch richtigen Zeitpunkt in ausreichender Menge bereitstehen und gleichmäßig ausgebracht werden.

Seit dem Aufkommen der Anti-DDT-Welle ist man auch in der Seuchenhygiene — wo sich dieser Wirkstoff als am effektivsten erwies — bestrebt, biologische Alternativlösungen zu finden. In Griechenland, Iran, Italien und Teilen der USA versucht man wieder, den larvenfressenden Fisch Gambusia zur Moskito-Bekämpfung einzusetzen, wie dies bereits vor der Entdeckung des DDT in den 20er und 30er Jahren geschah. Dieses Verfahren macht jedoch die Ergänzung durch andere Bekämpfungsmöglichkeiten, evtl. einer Reduzierung des Wirkstoffaufwandes notwendig. Als erfolgreich erwies sich eine Vorbehandlung mit Fenitrothion, die die Wirkung der larvenfressenden Fische unterstützt.

Ein besonders instruktives Beispiel des Ersatzes von Chemikalien durch Organismen, bei dem Ökonomie und Ökologie in mehrfacher Weise im Einklang stehen, ist der Einsatz von herbivoren Fischen zur Grabenentkrautung und der Entfernung von Wasserunkräutern in vielerlei Binnengewässern. Auch hier wurde die entscheidende Pionierarbeit in der UdSSR geleistet, wo man erstmalig vor allem den Graskarpfen (Ctenopharyngodon idella Val.) vor allem zur Sauberhaltung der Be- und Entwässerungskanäle einsetzte (Nowik 1973). Neben dem gewünschten Effekt dient dieses Verfahren der Gewinnung zusätzlicher Nahrung und verhindert vor allem die nach dem Einsatz chemischer Mittel kaum auszuschließende Eutrophierung, bedingt durch die Reste der abgestorbenen Pflanzen.

In diesem Zusammenhange muß erwähnt werden, daß auch eine „natürliche biologische Schädlingsbekämpfung" tagtäglich erfolgt, die epidemische Ausmaße von Insektenvermehrungen zur Ausnahme macht. Zu den wesentlichsten Aufgaben des wissenschaftlichen Pflanzenschutzes kann aus dieser Tatsache abgeleitet werden, daß durch die Bildung neuer Arbeitsformen der Überwachung auf der Basis der EDVA, der Datenübertragung und des Luftbildes unzureichende Prognosen und Überraschungseffekte ausgeschaltet sowie ökonomische Schadschwellen für die Bekämpfungswürdigkeit geschaffen werden.

Eine relativ neue Disziplin in der Agrochemie stellt der Einsatz von *Präparaten der biologischen Prozeßsteuerung* dar. Technologisch kann er weitgehend mit den Pflanzenschutzmaßnahmen gekoppelt werden und gliedert sich daher in zunehmendem Maße dem chemischen Pflanzenschutz an. Die Einsatzmöglichkeiten zur wechselweisen Stimulierung, Stagnation und Stabilisierung des Vegetationsprozesses wachsender oder bereits geernteter Pflanzen durch chemische Eingriffe sind kaum begrenzt. Die gegenwärtig in der DDR angewandten Wachstumsregulatoren, die der Entwicklungsstimulierung und -verzögerung, der Halmstabilisierung, der chemisch herbeigeführten Vereinheitlichung des Reifegrades u. a. m. dienen und vielfach z. B. im Obstbau eine mechanische Ernte erst ermöglichen, stellen die Toxikologie — mit Ausnahme des Chlormequat (CCC) — vor keinerlei größere Probleme. Die LD_{50}-Werte von Alar, Ethephon und Dimexan, den z. Z. für den Einsatz in der DDR aussichtsreichsten Verbindungen, liegen in Bereichen um 5000 mg/kg, und die Persistenz der Verbindungen ist außerordentlich niedrig. Allerdings sind diese Eigenschaften auch die grundsätzliche Voraussetzung für ihre Einsatzfähigkeit, denn anders als bei den klassischen Pflanzenschutzmitteln erlaubt hier die Anwendungstechnologie nur geringe Variationsbreiten etwa im Sinne von Karenzzeiten. Das bedeutet: entweder hinterläßt ein Bioregulator nach der Entfaltung seiner Wirkung Rückstände, die tolerierbar sind, oder die Verbindung ist für das betreffende Einsatzgebiet nicht geeignet. Dies gilt in verstärktem Maße für Nacherntebehandlungen, bei denen die Kultur (z. B. Tomate) in nicht verkehrsfähigem Zustande geerntet und dann, zur Erreichung des erforderlichen Reifegrades, mit dem Bioregulator behandelt wird.

Neue Probleme der Umweltbelastung ergeben sich aus einigen neuartigen Wirkprinzipien der Agrochemie, bei denen *Bitumina, Polymere, Schaumstoffe* und ähnliche auf oder in den Boden appliziert werden, um dessen Wasserhaushalt zu regulieren, die Krümelstabilität zu beeinflussen, den Aufwuchs von Unkräutern zu hemmen u. a. m. Hier gelangen Stoffe mit cancerogenen Eigenschaften in den Boden, die weitaus deutlicher ausgeprägt und exakter nachgewiesen sind, als dies z. B. bei den Pestiziden der Fall ist. Der begrenzende Faktor für die Einsatzmöglichkeit dieser Neuentwicklungen wird also die Pflanzenaufnehmbarkeit bzw. der Übergang in andere Ökosysteme sein.

Als Perspektive für die Ausschaltung der gegenwärtig gravierendsten Umweltbelastung durch die Landwirtschaft, die in der tierischen Produktion liegt, ist die Entwicklung moderner Technologien der *Fäkalienaufbereitung* erforderlich. Es kann nicht hingenommen werden, daß auf der einen Seite nach den modernsten Prinzipien produziert, die Verwertung der Produktionsrückstände aber nicht in gleicher Weise modernisiert wird. In der Zukunft werden größere Anstrengungen nötig zur geruchsbelästigungsfreien Trocknung und Granulierung dieser heute vielfach noch als Abprodukte behandelten Substanzen, die tatsächlich wertvolle Rohstoffe für die Pflanzen- und teilweise sogar für die Tierernährung darstellen.

Insgesamt kann davon ausgegangen werden, daß die Etappe des mehr oder weniger passiven Umweltschutzes durch Reglementierungen und Verbote, nach einer gründlichen Umwelt-Inventur und der Erarbeitung eines klar überschaubaren und aufeinander abgestimmten Systems von Normativen abgeschlossen werden kann. In den mehr aktiven Umweltschutz soll neben der gemeinsamen Kontrolle der erarbeiteten Normative auch eine *Koordinierung der agrochemischen Maßnahmen durch alle zuständigen staatlichen und kommunalen Instanzen* eingeschlossen werden, mit dem Ziel ihrer für Mensch und Umwelt optimalen Gestaltung. Hauptforschungsziel ist aber die chemische, physikalische oder biologische Persistenzsteuerung der chemischen und biologischen Hilfsmittel der pflanzlichen Produktion in den einzelnen Ökosystemen. Große Aktivität innerhalb der Qualifikation ist durch die Konzentration des Anbaus möglich, und ähnliches gilt auch für die Standortauswahl. Letzlich sind aber auch die erheblichen Potenzen der Naturschutzhelfer, Laienornithologen, Forstschutzhelfer, Jagdkollektive usw. aufeinander abzustimmen und auf die optimale Gestaltung der Umwelt zu orientieren und zu qualifizieren.

Es sei hier nochmals dringend darauf hingewiesen, daß vielfältige Möglichkeiten zur Beseitigung von Umweltbelastungen auf Entdeckungen und Initiativen berufsfremder und zumeist völlig unentgeltlich arbeitender Naturschützer zurückgehen. Die Reinigung eutrophierter Gewässer durch spezielle Wasserpflanzen, die auf derartige Aktivitäten zurückgeht, ist ein deutliches Beispiel für den Erfolg von solchen Bemühungen.

Auf diese Weise sollte es uns gelingen, die richtungweisenden Worte von Karl Marx aus seinen Randglossen zum Programm der deutschen Arbeiterparteien zu realisieren:

„Nur soweit der Mensch sich von vornherein als Eigentümer der Natur, der ersten Quelle aller Arbeitsmittel und -gegenstände verhält, sie als ihm gehörig behandelt, wird seine Arbeit Quelle von Gebrauchswerten, also von Reichtum."

Literatur

Baron, F., F. Csonti, und J. E. Ponyi: Investigations of pesticide residues in fish and other aquatic organisms of lake Balaton and some other aquatic habitats. Annal. Biol. (Tihany) **34**, 117—128 (1967).

BEITZ, H.: Ausgewählte umwelttoxikologische Probleme des Pflanzenschutzes unter den Bedingungen der Pflanzenproduktion. Dissertation B an der Akademie der Landwirtschaftswissenschaften der DDR zu Berlin 1973.

BENEVUE, A., J. N. OGATA, und J. W. HYLIN: Organochlorine pesticides in rainwater, Oahu, Hawaii, 1971—1972. Bull. Envir. Cont. Toxicol. 8, 238—241 (1972).

CLARE, A., und J. STEWART: Atmospheric circulation of DDT. Science 177, 724—725 (1972).

DREES, H.: Umweltchemikalien und Pflanzenschutzmittel. Gesunde Pflanzen (Frankfurt/M.) 24, 90—96 (1972).

ENGST, R., und W. RAFFKE: Zentralinstitut für Ernährung der AdW Potsdam-Rehbrücke und Bezirkshygiene-Institut Berlin: persönliche Mitteilung 1973.

EWALD, G.: Der Beitrag der Landwirtschaft und der Nahrungsgüterwirtschaft zur Lösung der Hauptaufgabe des VIII. Parteitages. Neue Deutsche Bauernzeitung 13, Nr. 24, 9—18 (1972).

GAR, K. A., W. S. CHOCHRJAKOWA, E. G. DRUY, und G. JA. ROBAS: Vorlage von Versuchen zur Möglichkeit der Abbaubeschleunigung von DDT im Boden. Vortrag, gehalten anläßlich der RGW-Koordinierungstagung zum Thema „Wirkungsmechanismus von Insektiziden“, Potsdam, April 1973.

GOLUBJEW, A. A., und V. G. SUBBOTIN: Über die Möglichkeit der Anwendung einer rechnerischen Methode zum Aufstellen von orientierenden Toleranzwerten für Schadstoffe im Wasser. Hyg. d. Anwendg., Toxikol. d. Pestizide u. Klinik d. Vergiftungen 6, 284—287 (1968).

GRÜNEBERG, G.: Die Aufgaben bei der weiteren Intensivierung der landwirtschaftlichen Produktion, des Überganges zu industriemäßigen Produktionsmethoden in der Landwirtschaft und Probleme der Entwicklung der Kooperationsbeziehungen. Dietz Verlag Berlin 1972.

HAYES, W. J.: The toxicology of chemosterilants. Bull. Wld. Hlth. Organiz. 31, 721—736 (1964).

HEINISCH, E., und R. ANGERMANN: Karenzzeiten und Anwendungsbegrenzungen für Pflanzenschutzmittel zur Vermeidung von unerwünschten Rückständen am Erntegut behandelter Pflanzen. Merkblatt für den praktischen Pflanzenschutz (Kleinmachnow) Nr. 24 (2. Aufl.), Juni 1968.

HEINISCH, E., H. BEITZ, F. SEEFELD, G. LEMBCKE, M. HAUSSDÖRFER, J. HASELEIN, und K. KIRCHNER: DDT-, Lindan- und Toxaphenrückstände an Gras und Futterkulturen durch Abdriften nach Flugzeugeinsatz. Nachrichtenbl. Pflanzenschutz d. DDR 25, 53—59 (1971).

HENSCHLER, D.: Veränderungen der Umwelt — Toxikologische Probleme. Angew. Chem. 85, 317—326 (1973).

HURTIG, H.: Long-distance transport of pesticides. OEPP/EPPO Bull. 4, 5—25 (1972).

JONAS, K.: Veterinäruntersuchungs- und Tiergesundheitsamt Stendal: persönliche Mitteilung 1975.

KIRK, G.: Dort Gift, hier Waldhygiene. Waldhygiene (Würzburg) 9, 203—208 (1972).

KOHOUT, V.: Die Problematik der Erhöhung des Stickstoffgehaltes in Getreide nach der Anwendung von Phenoxyessigsäure-Herbiziden. Agrochémia (Bratislava) **11**, 193–196 (1971).

KRAMER, D., W. KRÜGER, und F. SCHULZ: Gewässerverunreinigung durch Nährstoffe aus der landwirtschaftlichen Produktion und Maßnahmen zu ihrer Verhinderung. Wasserwirtsch.-Wassertechn. (Berlin) **22**, 311–314 (1972).

LAUE, W., S. KRÜGER, W. NETSCH, und E. WERNER: Toxikologische Prophylaxe beim Übergang zur industriemäßigen Produktion in der sozialistischen Landwirtschaft. Mh. Vet.-med. (Jena) **27**, 850–858 (1972).

LEMBCKE, G., und J. HASELEIN: Pflanzenschutzmaßnahmen im Winterraps unter besonderer Berücksichtigung des Umweltschutzes. Nachrichtenbl. Pflanzenschutzd. DDR **26**, 97–100 (1972).

LINCER, J. L., und D. B. PEAKALL: Metabolic effects of polychlorinated biphenyls in the American kestrel. Nature **228**, 5237, 783–784 (1970).

LYR, H.: Aufgaben der Pflanzenschutzforschung bei der Entwicklung industriemäßiger Produktionsmethoden in der Landwirtschaft der DDR. Vortrag gehalten vor dem Plenum der Akademie der Landwirtschaftswissenschaften der DDR zu Berlin am 15. 12. 1972.

MARX, K.: Rentrate und Profitrate in „Theorien über den Mehrwert" Teil II (1863); MARX-ENGELS-Werke **26**, II, 103, Dietz Verlag Berlin 1967.

MARX, K.: Randglossen zum Programm deutscher Arbeiterparteien (Gothaer Programm). In: Revolutionäre deutsche Peiteiprogramme, 52. Dietz Verlag Berlin 1967.

MATTHYS, G.: Pflanzenschutz in der industrialisierten landwirtschaftlichen Produktion. Mitt. Biol. Bundesanst. Land- und Forstwirtsch. **146**, 39–60 (1971).

MEDVED, L. J.: Grundergebnisse der wissenschaftlichen Untersuchungen zur Hygiene und Toxikologie in der Periode zwischen der III. und IV. Allunionskonferenz (1965–1968). Hyg. d. Anwendg., Toxikol. d. Pestizide u. Klinik d. Vergiftungen (Kiew) **6**, 36–55 (1968).

METCALF, R. L., J. P. KAPOOR, und A. S. HIRWE: Development of biodegradable analogues of DDT. Chemtech. 105–109 (1972).

METZGER, H.: Pflanzenschutz 1980. Chem. Ind. **24**, 489–491 (1972).

NAUMANN, K.: Die Wirkung einiger Umweltfaktoren auf die Reaktion der Bodenmikroflora gegenüber Pflanzenschutzmitteln. Zentralbl. Bakteriol.-Parasitenk. Infektionskrankh. Hyg. II **127**, 379–396 (1972).

NOWIK, L. J.: Fische reinigen Kanäle. Presse der SU **37**, 2. Septemberheft, 32 (1973).

OKTJABRSKAJA, T. A., und J. G. ŠIŠKOV: Untersuchung zur Stechmückenbekämpfung durch Anwendung des Herbizids Simazin. Med. parazit. parazitar. bol. (Moskau) **41**, 64–66 (1972).

OSMANI, Z.: Certain essential oils as insect repellents. Pesticides (Bombay) **6**, 12, 57–59 (1971).

o. V. 1970: Flugzeugeinsatz in der Landwirtschaft. Fachbereichsstandard November 1970, TGL 80-21650, Gruppe 100.

o. V. 1971 a: Anordnung über Rückstände von Pflanzenschutz- und Schädlingsbekämpfungsmitteln. GBl. DDR Teil II Nr. 60 vom 11. 8. 1971.

o. V. 1971 b: Gesundheitsgefährdung durch biologische Schädlingsbekämpfung. Naturw. Rdsch. 24, 171 (1971).

o. V. 1971 c: The futur of vector control. WHO Cronich (Genf) 25, 240—242 (1971).

o. V. 1972: Deutsch-ägyptische Bilharziose-Bekämpfung erfolgreich. Europa-Chemie (Düsseldorf) 9, 170 (1972).

o. V. 1973: Intensivierung unserer Landwirtschaft. Einheit 28, 1248—1251 (1973).

Rogers, J. A.: Eagles, offence and pesticides. Mosqu. News (Albany) 32, 151—157 (1972).

Rutschke, E.: Biozide und Vogelwelt. Der Falke 19, 6—15 (1972).

Sanders, H. O., und J. H. Chandler: Biological magnification of a polychlorinated biphenyl (Aroclor 1254). Bull. Envir. Cont. Toxicol. (New York) 7, 257—263 (1972).

Schulz, O., und K. Kirchner: Vergiftungsfälle im Bezirk Neubrandenburg und Schlußfolgerungen für die Prophylaxe. Mh. Vet.-med. (Jena) 27, 872—874 (1972).

Seidel, K.: Reinigung von Industrie-Abwässern durch Juncus maridimus Lamarc. Naturwissenschaften 60, 158—159 (1973).

Siebel, J.: Pest control compositions. Ref.: Chem. Abstr. 76, 21, 122983 n (1972).

Smith, S., und J. F. Parr: Chemical stability of DDT and related compounds in selected alkaline environments. J. Agric. Food. Chem. 20, 839—841 (1972).

Spynu, N. J., K. K. Vročinskij, und E. A. Antnovič: Allgemeine Fragen der Toxikologie der Produktion. Medknig (Kiew 1967).

Spynu, N. J.: Über einheitliche Prinzipien der komplexen Normierung von Pestiziden in verschiedenen Umweltmedien. Hyg. d. Anwendg., Toxikol. d. Pestizide u. Klinik d. Vergiftungen (Kiew) 6, 103—109 (1968).

Stenersen, J.: Residues of DDT and its degradation products in cod liver from two Norwegian fjords. Bull. Envir. Cont. Toxicol. 8 (1972).

Su, H. C. F., R. O. Speirs, und P. G. Mahany: Citrus oils as protectants of black-eyed peas against Cowepa weevils: laboratory evolution. J. Econ. Entomol. 65, 1433—1436 (1972).

Tenovuvo, N.: Über das Vorkommen von Umweltgiften in verschiedenen Nahrungsketten in Finnland. Vortrag gehalten am Congressus Bioindicatores deteriorisatationis regionis. Most, ČSSR 1973.

Tittnizer, T.: Abbau von p-Toluolsulfonat durch höhere Wasserpflanzen und ihre Rhizosphären-Gesellschaft. Dissertation Göttingen 1973.

Wellman, R. H.: Industry's role in the development of pesticides. In: National Academy Sciences "Scientific aspects of pest control", Nat. Res. Council Publication 1402, 355—366 (1966).

Wolter, D.: DDT in Oberflächengewässern. Z. Ges. Hyg. Grenzgeb. 18, 247—248 (1972).

Woodwell, G. M., P. P. Craig, und H. A. Johnson: Atmospheric circulation of DDT. Science **177**, 725 (1972).

Zimmermann, W.: Verminderung der Eutrophierung von Oberflächengewässern durch Anpflanzung der Flechtbinse Scirpus lacustis. Naturwissenschaften **60**, 159 (1973).

FSC
www.fsc.org
MIX
Papier | Fördert gute Waldnutzung
FSC® C083411

Zeitfracht Medien GmbH
Ferdinand-Jühlke-Straße 7
99095 Erfurt, Deutschland
produktsicherheit@kolibri360.de